国家中等职业教育改革发展示范学校质量提升系列教材

电梯基础结构与原理

沈阳市汽车工程学校　主编

中国铁道出版社有限公司
CHINA RAILWAY PUBLISHING HOUSE CO., LTD.

内 容 简 介

本书根据电梯安装与维修保养专业所对应的职业(岗位)的实际需要,确定学生应具备的能力结构与知识结构而展开编写。在编写过程中,坚持以能力为本位,重视实践能力的培养,突出中等职业教育特色。

本书主要内容包括电梯的基础知识、电梯的机械系统、电梯的电力拖动与电气控制、电梯安全保护系统以及电梯安全操作与常规保养,强调以培养技能型人才为出发点,把工学结合理念融入理实一体课程中,全面提升学生的职业技能和职业素养水平。

本书适合作为中等职业学校电梯安装与维修保养专业的教材,也可作为职业技能培训及从事电梯技术工作人员的参考用书。

图书在版编目(CIP)数据

电梯基础结构与原理/沈阳市汽车工程学校主编. —北京:
中国铁道出版社有限公司,2019.8
国家中等职业教育改革发展示范学校质量提升系列教材
ISBN 978 - 7 - 113 - 26004 - 0

Ⅰ.①电… Ⅱ.①沈… Ⅲ.①电梯-结构-中等专业学校-
教材②电梯-理论-中等专业学校-教材 Ⅳ.①TU857

中国版本图书馆 CIP 数据核字(2019)第 135019 号

书　　名:**电梯基础结构与原理**
作　　者:沈阳市汽车工程学校

策　　划:李中宝　邬郑希　　　　　　　　编辑部电话:010-63589185 转 2034
责任编辑:邬郑希　彭立辉
封面设计:刘　颖
责任校对:张玉华
责任印制:郭向伟

出版发行:中国铁道出版社有限公司(100054,北京市西城区右安门西街 8 号)
网　　址:http://www.tdpress.com/51eds/
印　　刷:北京捷迅佳彩印刷有限公司
版　　次:2019 年 8 月第 1 版　2019 年 8 月第 1 次印刷
开　　本:787 mm×1 092 mm　1/16　印张:6　字数:138 千
书　　号:ISBN 978 - 7 - 113 - 26004 - 0
定　　价:21.00 元

国家中等职业教育改革发展示范学校质量提升系列教材

教材编审委员会

主　任：金月辉

副主任：赵传胜　　迟春芳　　朱嫣红

成　员：（按姓氏音序排列）

曹　博	顾可新	郭　凯	侯雁鹏
康　哲	刘毅文	吕小溪	倪青山
朴成龙	钱　丹	尚　微	陶　钧
田世路	徐兰文	徐欣然	杨亚娟
于　谨	张　践	张　丽	张宁宁
张颖松	赵莹莹	周　天	

前言

《国家职业教育改革实施方案》指出,要把职业教育摆在教育改革创新和经济社会发展中更加突出的位置。改革开放以来,职业教育为我国经济社会发展提供了有力的人才和智力支撑。现代职业教育体系框架全面建成,服务经济社会发展能力和社会吸引力不断增强,具备了基本实现现代化的诸多有利条件和良好工作基础。随着我国进入新的发展阶段,电梯产业升级和经济结构调整不断加快,对技术技能人才的需求越来越紧迫,职业教育的地位和作用越来越凸显。

教育部发布了《中等职业学校专业目录》增补专业的通知。文件中明确在"05 加工制造类"新增"电梯安装与维修保养专业",对应职业(岗位)"电梯安装维修工(6-29-03-03)"。同时,人力资源和社会保障部职业技能鉴定中心公布了国家职业技能标准——电梯安装维修工(职业编码:6-29-03-03)。

至此,电梯安装维修岗位既有中华人民共和国职业分类大典(2015 年版)指导下的国家职业技能标准对接职业技能鉴定,又与中等职业教育、高等职业教育明确了专业对接。在此背景下,我们编写了《电梯基础结构与原理》一书。

本书在编写理念上,遵循《国家职业教育改革实施方案》的要求,符合职业教育教学规律和技能型人才成长规律,体现了职业教育教材特色,在传授知识与技能的同时注意融入对学生职业道德和职业意识的培养。

本书由沈阳市汽车工程学校主编,徐兰文、张宁宁、曹博、吕小溪、徐欣然、朱嫣红参与编写。其中:第一章由徐兰文编写,第二章由张宁宁编写,第三章由曹博、吕小溪编写,第四章由徐欣然编写,第五章由朱嫣红编写。全书由张宁宁统稿。

由于编者的经验、水平有限,书中难免存在疏漏与不妥之处,恳请广大读者批评指正。

编　者

2019 年 6 月

目 录
CONTENTS

目 录

第一章
电梯基础知识

随着国家现代化层次的不断提升,高楼大厦不断涌现,电梯作为现代人们使用最频繁的公用设备,已经深入社会生产、生活的各个领域,对推动人类社会的发展起到了很重要的作用,成为城市现代文明的标志之一。

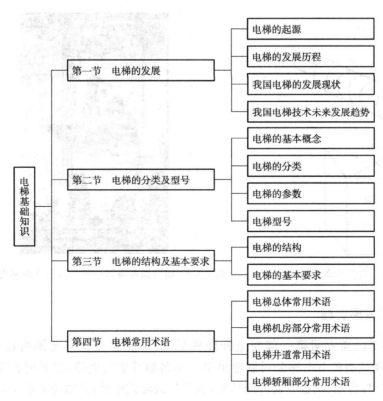

第一节　电梯的发展

学习目标

（1）了解电梯的起源及发展史。

（2）掌握我国电梯的发展现状及趋势。

一、电梯的起源

早在公元前 2600 年，埃及人在建造金字塔时就使用了最原始的升降系统，其基本原理就是一个平衡物下降的同时，负载平台上升，如图 1-1-1 所示。这一原理仍被现代电梯所应用。

早期的升降工具基本以人力为动力，随着一代又一代劳动人民、技术人员的不断改进、创新，先后用驴、蒸汽机为动力，进而发展为液压驱动，但所有这些升降工具有一个关键性问题不能解决，就是一旦升降机提拉缆绳发生断裂，负载平台就会坠毁。直到 1854 年，在纽约水晶宫举行的世界博览会上，美国人伊莱沙格雷夫斯·奥的斯第一次向世人展示了他的发明——升降梯安全装置（见图 1-1-2），从而实现了当提拉缆绳断裂时，负载平台可以牢牢地停在半空中而不发生坠毁。升降梯安全装置的原理：连接绳索的弹簧平时被升降机平台的重量压弯，不和棘齿接触，一旦绳索发生断裂，因拉力接触而使弹簧伸直，其两端与棘齿杆啮合，使升降机平台被牢牢固定而不坠落。1857 年，安全升降梯作为载客梯被用于 55 m 高的大楼中，梯速只有0.2 m/s，至此，电梯作为商品进入人类生活。

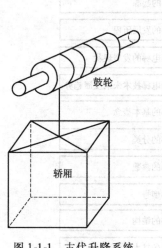

图 1-1-1　古代升降系统

图 1-1-2　奥的斯在美国公开展示的升降梯安全装置

二、电梯的发展历程

自 1854 年奥的斯发明第一部安全升降梯后，升降梯在全世界范围内得到广泛应用。1889 年 12 月，美国奥的斯电梯公司制造出第一部名副其实的电梯，它采用直流电动机为动力，带动蜗轮、蜗杆传动，通过卷筒升降轿厢，被称为鼓轮式电梯，其原理如图 1-1-3 所示，这台电梯安装在纽约的戴纳斯特大厅里。

鼓轮式电梯在提升高度、钢丝绳根数、载质量、安全运行等方面都存在局限性和缺陷,因而没有得到发展。为了改善鼓轮式电梯的缺陷,奥的斯电梯公司又于1903年推出了曳引式电梯。曳引式电梯是由电动机带动曳引轮转动,钢丝绳通过曳引轮绳槽一端固定在轿厢上,另一端固定在对重上,钢丝绳与曳引轮间产生的摩擦力,带动轿厢运动,其原理如图1-1-4所示。曳引式电梯克服了鼓轮式电梯的缺陷,因而得到广泛应用。

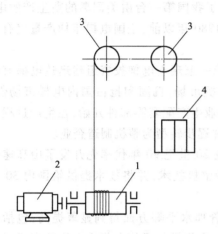
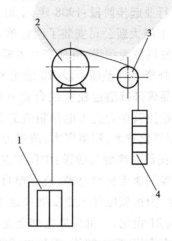

图 1-1-3　鼓轮式电梯传动示意图　　　　图 1-1-4　曳引式电梯传动示意图
1—电动机;2—鼓轮;3—滑轮;4—轿厢　　　1—轿厢;2—曳引轮 + 电动机;3—滑轮;4—对重

早期的电梯动力源都是直流电源,即采用直流电动机拖动,直到1900年,交流电动机被应用在电梯上,促使电梯的速度、平层准确性、舒适感等有了很大的改进,在很多地方取代了直流电梯。电梯发展简史如下:

1900年,第一台自动扶梯试制成功。

1915年,电梯自动平层控制系统设计成功。

1933年,出现了6 m/s的高速电梯。

1949年,出现了群控电梯。

1953年,第一台自动人形道试制成功。

1955年,出现了小型计算机(真空管)控制的电梯。

1962年,8 m/s的超高速电梯投入市场。

1963年,制成了无触点半导体逻辑控制电梯。

1967年,晶闸管应用于电梯,使电梯拖动系统结构简化,性能提高。

1971年,集成电路被用于电梯。

1972年,出现了数控电梯。

1976年,微机用于电梯,使电梯的电气控制进入了一个新时代。

1984年,日本推出了用交流电动机变压变频调速拖动系统(VVVF)。

1989年,第一台直线电动机电梯诞生,取消了电梯机房,使电梯技术进入了一个新的发展阶段。

1993年,12.5 m/s的交流变频调速电梯投入运行。

三、我国电梯的发展现状

1900 年,美国奥的斯电梯公司通过代理商 Tullock & Co. 获得在中国的第一份电梯合同——为上海提供两台电梯。从此,中国开始跻身于世界电梯服务行业,经过 100 多年的发展,我国电梯行业已基本与世界发达国家同步。

中国电梯行业相对于发达国家起步较晚,大致可以分为 3 个发展阶段。

(1)行业起步阶段:1908 年,上海汇中饭店安装了我国第一台由美国奥的斯生产的电梯。1932 年,上海大新公司安装了两台单人自动扶梯。1980 年以前,全国电梯年均产量仅有数百台,行业发展较为缓慢,电梯产品主要依赖进口。

(2)外资品牌垄断阶段:20 世纪 80 年代起,自第一家瑞士电梯投资组建迅达电梯有限公司,外资品牌陆续通过独资或合资方式进入国内整机市场,巩固和抢占国内电梯市场份额。同时,大量民营企业进入电梯制造工业,从为外资企业生产配套零部件开始,在生产过程中不断学习和消化技术,积累资本,改进经营管理水平,并逐步转型为整机制造企业。

(3)民族品牌崛起阶段:中国建筑科学研究院在 20 世纪 90 年代率先开发了中高速交流客梯、变频调速无机房电梯、公交型自动扶梯等几种整机技术,并将技术提供给国内 30 余家生产企业,为民族电梯工业发展奠定了基础。

进入 21 世纪,一批民族电梯企业在技术水平、管理水平等方面得到显著提高,包括康力电梯、江南嘉捷、远大智能、梅轮电梯等一部分具有一定规模的民族电梯企业迅速完成了从研发、设计、制造到安装维保在内的完整业务链建设。尤其在中低速电梯产品方面,凭借较高的性价比,逐渐打破了外资品牌对我国电梯市场的垄断。通过学习外资品牌带来的国际化技术标准、管理模式、经营理念,我国电梯企业实现了高起点发展。我国电梯技术标准和安全规范直接与国际接轨,基本消除了国产电梯进入国际市场的技术障碍,国内电梯企业已在国际市场占有一席之地。

根据中国电梯协会统计,2015 年外资品牌约占国内 54% 的市场份额,国内本土电梯品牌约占有 46% 的市场份额。外资电梯企业主要有奥的斯、上海三菱、广州日立、迅达、通力、蒂森克虏伯、东芝、富士达等;本土电梯企业主要有康力电梯、江南嘉捷、远大智能、广日电梯、快意电梯、申龙电梯、梅轮电梯、东南电梯等。

四、我国电梯技术未来发展趋势

在现代化城市的高速发展中,一幢幢高楼拔地而起。随着电梯技术的发展,绿色化、低能耗、智能化、网络化的电梯一定能为人类提供更好的服务。我国电梯技术未来将呈现以下趋势:

1. 绿色化

从减少环境污染的角度讲,"绿色"新概念将成为 21 世纪的主流色调,谁先推出绿色产品,占领绿色营销市场,谁就能掌握竞争的主动权,从而为企业发展提供广阔的空间。

绿色理念是电梯发展总趋势。发展趋势如下:不断改进产品的设计、生产环保型低能耗、低噪声、无漏油、无漏水、无电磁干扰、无井道导轨油渍污染的电梯。电梯曳引采用尼龙合成纤维曳引绳、钢带等无润滑油污染曳引方式。电梯装潢将采用无(少)环境污染材料、电梯空载上升和满载下行电动机再生发电回收技术,安装电梯将无须安装脚手架,电梯零件在生产和使用过程中对环境没有影响(如制动片一定不能使用石棉)并且材料是可以回收的。

2. 降低能耗

减少电梯能耗的措施是多方面的,主要包括:选择减小电梯机械系统的惯性和摩擦阻力;合理运用对重和平衡重。

(1)驱动系统使用永磁同步无齿轮曳引机。从永磁同步电动机工作原理可知,其励磁是由永磁铁来实现的,不需要定子额外提供励磁电流因而电动机的功率因数可以达到很高(理论上可以达到1)。同时,永磁同步电动机的转子无电流通过,不存在转子耗损问题,一般比异步电动机降低45%~60%耗损。由于没有低效率、高能耗的蜗轮、蜗杆传动,能耗进一步降低。

(2)在停站较少的群梯布置中,一个主机驱动两个轿厢分别上下运行是一种节能的方案。而减少能耗的另一途径是电梯运行过程的能耗控制。利用电梯空载上行、满载下行时电动机处以发电状态的特性,将再生能量反馈给电网,这种节能措施在高速电梯上效果显著。

(3)还有一种节能方案将在软件控制中得以实现。例如,建立实时控制的交通模式,尽量以较少的运行次数来运载较多的乘客,使电梯的停站次数减至最少。电梯召唤与轿厢指令合一的楼层入口、乘客登记方案是电梯控制方式的一项革命性技术,使原来层站上乘客未知的目的层变得一目了然,从而使控制系统的派梯效率达到最高。

减少运行过程能耗的另一措施是将电梯运行中的加减速度模式通过改变参数的方法进行设置,即电梯控制系统中运行的速度、加速度以及加速度变化率曲线既随运行距离变化,也随轿厢负载变化,通过仿真软件模拟,确定出不同楼层之间的最佳运行曲线。

3. 高速及蓝牙技术的使用

纵观电梯产品的发展历程,今后还将在以下几方面有更大的改进和突破:

(1)超高速电梯。21世纪,随着人口数量与可利用土地面积之间的矛盾进一步激化,将会大力发展多用途、全功能的高层塔式建筑,超高速电梯继续成为研究方向。除采用曳引式电梯之外,直线电动机驱动电梯也会有极大的发展空间。未来电梯如何保证其安全性、舒适性和便捷性也成为一个研究方向。

(2)电梯智能群控系统。电梯智能群控系统将基于强大的计算机软硬件资源支持,能适应电梯交通的不确定性、控制目标的多样化、非线性表现等动态特性。随着智能建筑的发展,电梯的智能群控系统与大楼所有自动化服务设施结合成整体智能系统,也是电梯技术的发展方向。

(3)蓝牙技术应用。蓝牙(Bluetooth)技术是一种全球开放的、短距离无线通信技术规范,它通过短距离无线通信,把电梯各种电子设备连接起来,取代纵横交错、繁复凌乱的线路,实现无线成网,将极有效地提高电梯产品的先进性和可靠性。

(4)电梯产业的网络化、信息化。电梯控制系统将与网络技术紧密地结合在一起,用网络把相互分离的在用电梯连接起来,对其运行情况做即时采集并进行统一监管,统一纳入维保管理系统,快速有效地对故障进行维修;通过电梯网站进行网上交易,既能够实现电梯采购、配置、招投标等,也可在网上申请电梯定期检验等工作。

思考题:

(1)世界上第一台电梯是由哪个公司制造生产的?

(2)简述我国电梯技术发展的趋势。

第二节　电梯的分类及型号

学习目标

（1）掌握电梯的基本概念及电梯的主要参数。

（2）了解不同分类标准下电梯的类型。

（3）掌握电梯型号的意义，能通过型号了解电梯的特性。

一、电梯的基本概念

按《特种设备安全监察条例》的定义，电梯是指动力驱动，利用沿刚性导轨运行的箱体或者沿固定线路运行的梯级（踏步）设备。它具有一个轿厢，运行在至少两列垂直或倾斜角小于15°的升降或者平行运送人、货物的机电设备。它既包括上下运行的升降式电梯，也包括水平或微倾斜角输送乘客的自动扶梯、自动人行道，通常称作广义电梯。

GB/T 7024—2008 国家标准中定义的电梯，只限于上下运行的升降式电梯，服务于规定楼层的固定式升降导轨之间。轿厢尺寸结构形式便于乘客出入或装卸货物，通常称作狭义电梯。

二、电梯的分类

电梯作为一种通用运输机械，被广泛用于不同的场合，其控制、拖动、驱动方式也多种多样。电梯的分类方法有以下几种：

1. 按用途分类

（1）乘客电梯（TK）：为运送乘客设计的电梯，用于运送人员和带有的手提物件，必要时也可运送允许的载质量和尺寸范围内的物件，主要用于宾馆、饭店、办公楼、大型商店等客流量大的场所。这类电梯一般有完善的安全设施以及一定的轿内装饰，运行速度比较快，自动化程度比较高，轿厢的尺寸和结构比较宽大，便于乘客出入。

（2）载货电梯（TH）：主要为运送货物而设计，通常有人伴随的电梯。主要用于两层以上的车间和仓库，要求结构牢固、轿厢的面积大、载质量大、有安全防护装置，运行速度比较低。

（3）医用电梯（TB）：为运送病床、担架、医用车和医护人员伴随而设计的电梯，轿厢具有长而窄的特点，前后贯通开门，运行稳定度好，噪声小。

（4）住宅电梯（TZ）：供住宅楼使用的电梯，主要运送乘客、家用物件及生活用品，轿厢的结构、装潢略逊于乘客电梯。

（5）杂物电梯（TW）：供图书馆、办公楼、饭店运送图书、文件、食品等设计的电梯，不允许人员进入轿厢，门外有按钮控制。

（6）观光电梯（TG）：轿厢壁透明，乘客可观看轿厢外景色。

（7）车辆电梯（TQ）：用作装运车辆的电梯，轿厢面积较大，与所运送的车辆匹配，结构牢固。

（8）船舶电梯（TC）：船舶上使用的电梯，安装在大型船舶上，用于运送船员、乘客等，能在船摇晃过程中正常工作。

（9）特种电梯：除上述常用电梯外，还有为特殊环境、特殊条件、特殊要求而设计的电梯，如冷库电梯、防爆电梯、矿井电梯、电站电梯、消防员用电梯等。

2. 按操纵控制方式分类

（1）手柄操纵控制电梯（SZ、SS）：电梯司机在轿厢内控制操纵盘手柄开关,实现电梯的起动、上升、下降、平层、停止的运行状态。这种电梯有自动门和手动门两种。

（2）按钮控制电梯（AZ、AS）：一种简单的自动控制电梯,具有自动平层功能,常见有轿外按钮控制、轿内按钮控制两种控制方式。

（3）信号控制电梯（XH）：一种自动控制程度较高的电梯,具有轿内指令登记、轿外召唤登记、顺向截停、自动停层、平层和自动开门等功能。通常为客梯或客货两用梯。

（4）集选控制电梯（JX）：一种在信号控制基础上发展起来的全自动控制电梯,与信号控制的主要区别在于能实现无司机操纵。其主要特点:将轿内指令、厅外召唤信号集合起来,自动定向、顺应应答。

（5）并联控制电梯（BL）：2～3台电梯的控制线路并联起来进行逻辑控制,共用层站外召唤按钮,电梯本身具有集选功能。

（6）群控电梯（QK）：用微机控制和统一调度多台集中并列的电梯。群控有梯群程序控制、梯群智能控制等形式。

3. 按有无电梯机房分类

（1）有电梯机房电梯:机房位于井道上部或者井道下部。

（2）无电梯机房电梯:电梯驱动主机位于井道顶部、底坑或者底坑附近。

4. 按电梯速度分类

（1）超高速电梯:速度超过3 m/s,通常用在超高层建筑。

（2）高速电梯:速度在2～3 m/s的电梯,通常用在16层以上建筑。

（3）快速电梯:速度大于1 m/s而小于2 m/s的电梯,通常用在10层以上建筑。

（4）低速电梯:速度为1 m/s及以下的电梯,通常用在10层以下建筑或客货两用的电梯。

5. 按拖动方式分类

（1）交流电梯（J）：此种电梯的曳引电动机是交流电动机。当电动机是单速时,称为交流单速电梯,梯速一般不大于0.5 m/s。当电动机具有调压调速装置时,则称为交流调速电梯,梯速一般不大于1.75 m/s。当电动机具有调压调频装置时,则称为交流调压调频电梯,梯速一般不大于6 m/s。

（2）直流电梯（Z）：此种电梯的曳引电动机是直流电动机。当曳引机带有减速箱时,称为直流有齿轮电梯。梯速不大于1.75 m/s时,称为直流快速电梯。当曳引机无减速箱,由直流电动机直接带动曳引轮时,称为直流无齿轮电梯。梯速一般大于2 m/s而小于10 m/s,称为直流高速电梯。

（3）液压电梯（Y）：靠液压传动的电梯,分为柱塞直顶式和柱塞侧置式两种。柱塞直顶式电梯的油缸柱塞直接支撑轿厢底部使轿厢升降。柱塞侧置式电梯的油缸柱塞设置在轿厢侧面,借助曳引绳,通过滑轮组与轿厢连接使轿厢升降。

（4）齿轮齿条式电梯:此种电梯齿条固定在构架上,电动机及齿轮传动机构装在轿厢上,靠齿轮在齿条上的爬行来驱动轿厢,一般为建筑工程用电梯。

6. 按信号处理方法分类

（1）继电器控制电梯:控制电路以继电器为主。

（2）可编程控制器控制电梯:以可编程控制器为核心,用软件实现各种控制功能的电梯。

（3）微机控制电梯：以专用单片机为核心，实现交流调速、信号处理的电梯。

三、电梯的参数

1. 主参数

（1）额定速度：电梯设计时规定的轿厢速度，单位为 m/s。额定速度是电梯的主要参数，是电梯设计、制造以及客户选用的主要依据之一。常见的额定速度有：0.63 m/s、1.0 m/s、1.60 m/s、2.50 m/s。

（2）额定载重量：电梯设计时规定的轿厢内最大载荷，单位 kg。额定载重量也是电梯的主要参数，是电梯设计、制造以及客户选用的主要依据之一。常见的额定载重量有 400 kg、630 kg、800 kg、1 000 kg、1 250 kg、1 600 kg、2 000 kg 等。

2. 电梯的基本规格参数

电梯的基本规格参数可以确定一台电梯的服务对象、运载能力、工作性能及对电梯井道机房的要求。

（1）电梯的用途：指客梯、货梯、病床梯等。

（2）拖动方式：指电梯采用的动力种类，可分为交流电力拖动、直流电力拖动和液力拖动等。

（3）控制方式：指对电梯的运行实施操纵的方式，即手控制、按钮控制、信号控制、集选控制、并联控制、梯群控制等。

（4）轿厢尺寸：指轿厢内部尺寸和外廓尺寸，以"宽×深×高"表示。内部尺寸由梯种和额定载质量决定，外廓尺寸关系到井道的设计。

（5）门的形式：指电梯门的结构形式，可分为中分式门、旁开式门、直分式门等。

（6）层站数：主要用于标志井道的高度，也就是机房和底坑之间的距离；站，表示电梯需要停靠的层的数量。

四、电梯型号

电梯的型号就是采用一组字母和数字，以简明的方式把电梯基本规格的主要内容表示出来。每个国家都有自己的电梯型号表示方法，为了更好地发挥电梯型号的作用，我国颁布的标准中规定了如下电梯型号的编制方法：

1. 电梯型号的含义

电梯型号一般由类型、主要参数和控制方式三部分组成，第二、三部分之间用短线分开。

第一部分是类、组、型和改型代号。"类"指产品类型；"组"指产品品种，即电梯用途；"型"指产品拖动方式，又指电梯动力驱动类型。产品的类、组、型代号用具有代表意义的大写汉语拼音字母表示，例如，T 表示电梯、液压梯产品；K 代表乘客电梯的"客"，H 代表载货电梯的"货"；当电梯的曳引电动机为交流电动机时，称为交流电梯（用 J 表示），当电梯的曳引电动机为直流电动机时，称为直流电梯（用 Z 表示）；"改型代号"用小写字母表示，一般冠以拖动类型调速方式，有的电梯没有标准。

第二部分是主要参数代号，中间用斜线分开，分别代表电梯的额定载质量和额定速度，均用阿拉伯数字表示。

第三部分是控制方式代号，用具有代表意义的大写汉语拼音字母表示。例如，SZ 表示手柄开关控制、自动门。

电梯产品型号代号顺序如图 1-2-1 所示。

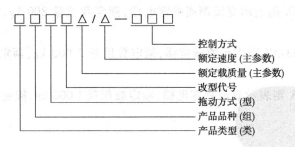

图 1-2-1 电梯产品型号代号顺序

2. 电梯产品代号

电梯的类型、品种、拖动方式、主参数、控制方式等的代号如表 1-2-1 所示。

表 1-2-1 电梯产品代号

产品型号顺序（自左向右）			采用代号
第一部分 1	类型（类）	电梯	T
		液压梯	
第一部分 2	品种（组）	乘客电梯	K
		载货电梯	H
		医用电梯	B
		住宅电梯	Z
		杂物电梯	W
		观光电梯	G
		车辆电梯	Q
		船舶电梯	C
第一部分 3	拖动方式（型）	交流	J
		直流	Z
		液压	Y
第一部分 4	改型代号	拖动类型调速方式	小写字母
第二部分	主参数	额定质量/kg	数值
		额定速度/(m/s)	数值
第三部分	控制方式	手柄开关控制、自动	SZ
		手柄开关控制、手动	SS
		按钮控制、自动	AZ
		按钮控制、手动	AS
		信号控制	XH
		集选控制	JX
		并联控制	BL
		梯群控制	QK

3. 产品示例

（1）TKJ800/1.6-JX 则表示交流调速乘客电梯，额定载质量 800 kg，额定速度 1.6 m/s 集选控制。

（2）THY2000/0.63-AZ 则表示液压货梯，额定载质量 2 000 kg，额定速度 0.63 m/s，按钮控制，自动门。

（3）TKZ1000/2-JX 则表示直流乘客电梯，额定载质量 1 000 kg，额定速度 2.0 m/s，集选控制。

思考题：

（1）简述电梯的主要参数及含义。

（2）我国电梯的型号主要由三大部分组成：第一部分为（　　）代号，第二部分为（　　）代号，第三部分为（　　）代号。

（3）变压变频（VVVF）调速系统应具有能同时改变供电（　　）和（　　）的功能。

（4）根据电梯的型号，请填写空白部分的内容。

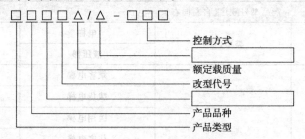

第三节　电梯的结构及基本要求

学习目标

（1）掌握电梯的基本组成及各系统的功能。

（2）了解电梯性能的基本要求。

一、电梯的结构

电梯是一种机电一体化的大型设备，其结构相对复杂。习惯上，可以按照其所在的空间分为机房、井道与底坑、轿厢和层站四部分，也可按照其功能分为 8 个系统，即曳引系统、导向系统、轿厢、门系统、重量平衡系统、电力拖动系统、电气控制系统、安全保护系统。电梯的基本结构如图 1-3-1 所示。

（1）曳引系统的功能是输出与传递动力，通过曳引力驱动轿厢运行，由曳引机、曳引钢丝绳、导向轮和反绳轮等组成。

（2）导向系统是限制轿厢和对重的活动自由度，使轿厢和对重只能沿着导轨做上、下运动。主要由导轨、导靴和导轨架组成。

（3）轿厢是用于运送乘客和货物，由轿厢架和轿厢体构成。

（4）门系统是乘客和货物的进出口，电梯运行时层、轿门必须关闭，到站才能打开。一般由轿门、厅门、开门机、门锁装置等组成，轿门安装在轿厢上，厅门安装在井道层站门口。

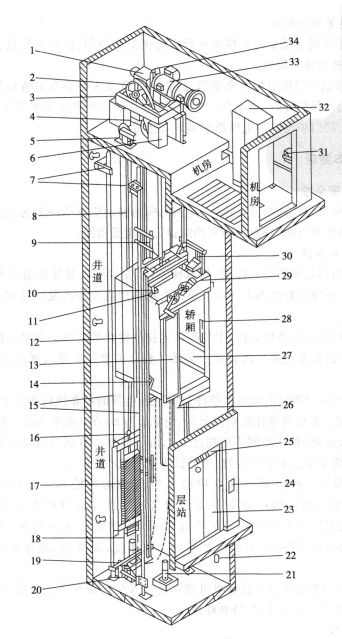

图 1-3-1　电梯的基本结构

1—减速器；2—曳引机；3—曳引机底座；4—导向轮；5—限速器；6—机座；7—导轨支架；8—曳引钢丝绳；
9—开关碰铁；10—紧急终端开关；11—导靴；12—轿架；13—轿门；14—安全钳；15—导轨；
16—绳头组合；17—对重；18—补偿链；19—补偿链导轮；20—张紧装置；21—缓冲器；22—急停开关；
23—层门；24—呼梯盒；25—层楼指示灯；26—随行电缆；27—轿厢；28—轿内操纵箱；29—开门机；
30—井道传感器；31—电源开关；32—控制柜；33—曳引电动机；34—制动器

（5）重量平衡系统用于平衡轿厢质量以及补偿高层电梯中曳引绳质量的影响，由对重架、对重块和重量补偿装置组成。

（6）电力拖动系统是提供动力，对电梯实行速度控制。由曳引电动机、供电系统、速度反馈装置、电动机调速装置等组成。

（7）电气控制系统的功能是对电梯的运行实行操纵和控制，由操纵装置、位置显示装置、控制柜、平层装置、选层器等组成。

（8）安全保护系统是保证电梯安全使用，防止一切危及人身安全的事故发生，由限速器、安全钳、缓冲器和端站保护装置、超速保护装置、供电系统断相错相保护装置、超越上下极限工作位置保护装置、层门锁与轿门电气连锁装置等组成。

二、电梯的基本要求

1. 电梯应具有安全性

安全运行是电梯必须保证的首要指标，是由电梯的使用要求所决定的，是在电梯制造、安装调试、日常管理维护及使用过程中，必须绝对保证的重要指标。

2. 电梯应具有可靠性

可靠性是反映电梯技术的先进程度，与电梯制造、安装维保及使用情况密切相关的一项重要指标，反映了在电梯日常使用中因故障导致电梯停用或维修的发生概率。故障率高说明电梯的可靠性较差。

一部电梯在运行中的可靠性如何，主要受该电梯的设计制造质量和安装维护质量两方面影响，同时还与电梯的日常使用管理有极大关系。提高可靠性必须从制造、安装维护和日常使用等方面着手。

根据 GB/T 10058—2009《电梯技术条件》的规定，电梯的可靠性包括以下几方面：

（1）整机可靠性。整机可靠性检验为起动、制动运行 60 000 次中失效（故障）次数不应超过 5 次。每次失效（故障）修复时间不应超过 1 h，由于电梯本身原因造成的停机或不符合该标准规定的整机性能要求的非正常运行，均被认为是失效（故障）。

（2）控制柜可靠性。控制柜可靠性检验为被其驱动与控制的电梯起动、制动运行 60 000 次中，控制柜失效（故障）次数不应超过 2 次。由于控制柜本身原因造成的停机或不符合该标准规定的有关性能要求的非正常运行，均被认为是失效（故障）。与控制柜相关的整机性能项目包括：起动加速度与制动减速度，最大加、减速度和 A95 加、减速度，平层准确度。

（3）可靠性检验的负载条件。在整机可靠性检验及控制柜可靠性检验期间，轿厢载有额定载质量以额定速度上行不应少于 15 000 次。

3. 整机性能要求

根据 GB/T 10058—2009《电梯技术条件》的规定，电梯的整机性能要求如下：

（1）当电源为额定频率和额定电压时，载有 50% 额定载质量的轿厢向下运行至行程中段（除去加速和减速段）时的速度，不得大于额定速度的 105%，不小于额定速度的 92%。

（2）乘客电梯起动加速度和制动减速度最大值均不应大于 1.5 m/s²。

（3）当乘客电梯额定速度为 1.0 m/s < v ≤ 2.0 m/s 时，按 GB/T 24474—2009 测量，A95 加、减速度不应小于 0.50 m/s²；当乘客电梯额定速度为 2.0 m/s < v ≤ 6.0 m/s 时，A95 加、减速度不应小于 0.70 m/s。

（4）乘客电梯的中分自动门和旁开自动门的开关门时间宜不大于表 1-3-1 规定的值。

表 1-3-1 乘客电梯的开关门时间

开门方式	开门宽度 B/mm			
	$B \leqslant 800$	$800 < B \leqslant 1\ 000$	$1\ 000 < B \leqslant 1\ 100$	$1\ 100 < B \leqslant 1\ 300$
中分自动门/s	3.2	4.0	4.3	4.9
旁开自动门/s	3.7	4.3	4.9	5.9

(5)乘客电梯轿厢运行在恒加速度区域内的垂直(Z轴)振动的最大峰峰值不应大于 0.30 m/s^2,A95 峰峰值不应大于 0.20 m/s^2。乘客电梯轿厢运行期间水平(X轴和Y轴)振动的最大峰峰值不应大于 0.2 m/s^2,A95 峰峰值不应大于 0.15 m/s^2。

(6)电梯的各机构和电气设备在工作时不应有异常振动或撞击声响。乘客电梯的噪声值应符合表 1-3-2 规定的值。

表 1-3-2 乘客电梯的噪声值

额定速度 v/(m/s)	$v \leqslant 2.5$	$2.5 < v \leqslant 6.0$
额定速度运行时机房内平均噪声值/dB(A)	$\leqslant 80$	$\leqslant 85$
运行中轿厢内最大噪声值/dB(A)	$\leqslant 55$	$\leqslant 60$
开关门过程最大噪声值/dB(A)	$\leqslant 65$	

另外,由于接触器、控制系统、大功率元器件及电动机等引起的高频电磁辐射不应影响附近的收音机、电视机等无线电设备的正常工作,同时电梯控制系统也不应受周围的电磁辐射干扰而发生误动作现象。

(7)电梯轿厢的平层准确度宜在 ±10 mm 的范围内。平层保持精度宜在 ±20 mm 的范围内。

(8)曳引式电梯的平衡系数应在 0.4~0.5 范围内。

(9)电梯应具有以下安全装置或保护功能,并应能正常工作。

①供电系统断相、错相保护装置或保护功能。电梯运行与相序无关时可不设错相保护装置。

②限速器—安全钳系统联动超速保护装置,监测限速器或安全钳动作电气安全装置以及监测限速器绳断裂或松弛的电气安全装置。

③终端缓冲装置(对于耗能型缓冲器还应包括检查复位的电气安全装置)。

④超越上下极限工作位置时的保护装置。

⑤层门门锁装置及电气连锁装置。即电梯正常运行时,应不能打开层门,如果一个层门开着,电梯应不能起动或继续运行(在开锁区域的平层和再平层除外);验证层门锁紧的电气安全装置,证实层门关闭状态的电气安全装置,紧急开锁与层门的自动关闭装置。

⑥动力操纵的自动门在关闭过程中,当人员通过入口被撞击或即将被撞击时,应有一个自动使门重新开启的保护装置。

⑦轿厢上行超速保护装置。

⑧紧急操作装置。

⑨滑轮间、轿顶、底坑、检修控制装置、驱动主机和无机房电梯设置在井道外的紧急和测试操作装置上应设置双稳态的红色停止装置。如果距驱动主机 1 m 以内或距无机房电梯设置在井道外的紧急和测试操作装置 1 m 以内设有主开关或其他停止装置,则可不在驱动主机

或紧急和测试操作装置上设置停止装置。

⑩不应设置两个以上的检修控制装置。

⑪轿厢内以及在井道中工作的人员存在被困危险,应设置紧急报警装置。当电梯行程大于 30 m 或轿厢内与紧急操作地点之间不能直接对话时,轿厢内与紧急操作地点之间也应设置紧急报警装置。

⑫停电时,应有慢速移动轿厢的措施。

⑬若采用减行程缓冲器,则应符合 GB 7588—2003 中 12.8 的要求。

思考题:

(1)按照电梯占用的空间,电梯可分为哪几部分?

(2)按照不同的功能,电梯可分为哪些系统?

(3)什么是电梯的可靠性? 可靠性包括哪几方面内容?

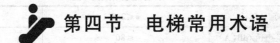

第四节　电梯常用术语

学习目标

了解电梯的常用术语,加强对电梯知识的理解。

根据中华人民共和国国家标准 GB/T 7024—2008 规定,对电梯、自动扶梯、自动人行道常用术语进行了规范,作为电梯安装、维保从业人员,了解一些常用术语的含义就可以更好地进行技术沟通与规范操作。

一、电梯总体常用术语(见表 1-4-1)

表 1-4-1　电梯总体常用术语

名　称	含　义
曳引驱动电梯	提升绳靠主机的驱动轮绳槽的摩擦力驱动的电梯
强制驱动电梯	用链或钢丝绳悬吊的非摩擦方式的电梯
电梯司机	经专门训练的授权操纵电梯的工作人员
检修操作	在对电梯进行检修维修保养时,电梯以慢速(不大于 0.6 m/s)运行的一种操作
对接操作	在特定条件下,为了方便装卸货物,货梯轿门和层门均开启,使轿厢在规定区域内低速运行,与运载货物设备相接的操作
满载直驶	电梯的一种功能,当电梯载质量达到额定载质量的80%以上时,为防止满载的轿厢应答层站召唤而浪费时间,电梯即转为直驶运行,且只执行轿内指令,对层站召唤信号不应答,但可登记,便于下次应答
隔站停靠	电梯的一种功能,电梯隔一层站停站,以缩短停站时间,在单层未达额定速度时使电梯加快速度,提高运送效率
独立运行操作	电梯的一种功能,也称为专用模式,为一些特定的人士提供特别服务,独立运行时,层站召唤无效,电梯自动门需要手动操作
超载保护	电梯的一种功能,当电梯载质量达到额定载质量的110%时,电梯不启动且保持开门状态,同时有声音或灯光警告信息

名　称	含　义
消防功能	电梯的一种功能,当发生火灾时,电梯能够让梯内乘客脱险或让消防员通过电梯对火灾进行救援。它包括火灾自动返基站和消防员操作功能两部分
提升高度	指电梯从底层端站至顶层端站楼面之间的总运行高度
检修速度	电梯检修运行时的速度
平层	轿厢在层站准确停靠的一种动作,有手动平层和自动平层之分,现今电梯一般都实现了自动平层
再平层	轿厢在平层区域内,允许电梯进行低速校正轿厢停止位置的一种动作
平层区域	轿厢停靠站上方或下方的一段距离,在此区域内平层装置动作,使轿厢准确平层
平层精度	轿厢到站停靠后,其上坎与层门地坎上平面之间的垂直距离

二、电梯机房部分常用术语(见表1-4-2)

表1-4-2　电梯机房部分常用术语

名　称	含　义
机房	安装一台或多台驱动主机及其附属设备的专用房间
机房高度	机房地面至机房顶板之间的最小垂直距离
机房宽度	沿平行于轿厢宽度方向测得的机房水平距离
机房深度	机房内垂直于机房宽度的水平距离
辅助机房、隔层和滑轮间	机房在井道上方时,机房楼板与井道顶之间的房间。它有隔音功能,也可以安装滑轮、限速器和电气设备
承重梁	敷设在机房楼板上面或下面,承重曳引机自重及其负载的钢梁
减振器	用以减少电梯运行时振动和噪声的装置
曳引机	包括电动机在内的用以驱动和停止电梯运行的装置。它是依靠钢丝绳与曳引轮绳槽的摩擦力牵引轿厢和对重升降的机械,包括电动机、制动器及减速装置
制动器	也称为抱闸,对主动转轴或曳引轮起制动作用的装置
减速器	在电动机和曳引轮之间起连接和减速作用的装置
曳引轮	曳引机上的驱动轮
速度检测装置	检测轿厢运行速度并将其转化为电信号的装置
曳引绳	连接轿厢和对重装置,并靠与曳引绳槽的摩擦力驱动轿厢升降的专用钢丝绳
导向轮	为了增大轿厢和对重的距离,使曳引绳经过该装置再导向轿厢或对重
复绕轮	为了增大曳引绳的包角,改善曳引条件,将曳引绳绕出曳引轮经过该装置再绕入曳引轮,且有导向作用
控制柜	对电梯做速度控制、运行管理等电气控制的箱柜,是电梯的核心部分
绳头组合	曳引绳与轿厢、对重装置或机房承重梁连接用的部件
电梯曳引绳曳引比	悬吊轿厢的钢丝绳根数与曳引轮单侧的钢丝绳根数之比
限速器	限制电梯运行速度的装置。当电梯的运行速度超过额定速度的一定值时,其动作能通过其他装置使电梯制动的安全装置
上行超速保护装置	防止轿厢上行超速发生危险或损害的安全保护装置
盘车手轮	配合松闸扳手,手动使曳引轮转动,移动轿厢的工具

三、电梯井道常用术语(见表1-4-3)

表1-4-3　电梯井道常用术语

名　称	含　义
井道	轿厢和对重装置和液压缸柱塞运动的空间。该空间是以井道底坑的底、井道壁和井道顶为界限的
单梯井道	只供一台电梯运行的井道
多梯井道	可供两台以上电梯运行的井道
井道宽度	从平行轿厢门宽度方向测得的井道壁内表面之间的水平距离
井道深度	垂直于井道宽度方向测得的井道壁内表面之间的水平距离
底坑	位于轿厢最低层站以下的井道部分
底坑深度	最低层站地坎至井道底面的垂直距离
导轨	为轿厢或对重提供的运行导向部件
空心导轨	电梯导轨的一种,由钢板经冷轧折弯成空腹T形的导轨
导轨连接板	连接两根电梯导轨接缝处用的垫板
导轨支架	把导轨固定在电梯井道内的支撑件
层站	各楼层用于出入轿厢的地点
层门	也称为厅门、被动门,设置在层站用于出入的门
层门宽度	层门完全开启后的净宽
层门门套	装饰层门门框的构件
地坎	出入口等开口紧贴地面的金属水平构件
水平滑动门	沿门导轨和地坎槽水平滑动开启的层门
牛腿	位于各层站出入口下方井道内侧,供支撑层门地坎所用的建筑物突出部分
门锁装置	轿门与层门关闭后锁紧,同时接通控制回路,轿厢方可运行的机电连锁装置
开锁区域	轿厢停靠层站时在地坎上、下延伸的一段区域,当轿厢底位于此区域内时,门机动作才能驱动轿门层门开启
召唤盒	即呼梯按钮,设置在层站门一侧,召唤轿厢停靠在呼梯层站的装置
铰链门	门的一侧为铰链连接,由井道向通道方向开启的层门
护脚板	从层门地坎或轿厢出入口向下延伸的具有光滑垂直部分的保护板
检修门	设在底坑中供保养人员维修保养缓冲器等设备的出入口,一般可经最底层楼层门出入
井道安全门	当相邻层门地坎间距超过11 m时,轿厢因故障停在盲区内时用作乘客撤离并作为修理处理的安全门
基站	轿厢无投入运行指令时停靠的层站,一般位于大厅或底层端站乘客最多的地方
预定基站	并联或群控的电梯轿厢无运行指令时,指定停靠待命运行的层站
顶层端站、顶层端站	最低的轿厢停靠站称为底层端站,最高的轿厢停靠站称为顶层端站
对重装置	设置在井道中,由曳引绳经曳引轮与轿厢连接,在运行过程中起平衡作用的装置
对重护栏	设在底坑,位于轿厢与对重之间对电梯维护人员起防护作用的栅栏
限速器钢丝绳张紧装置	给限速器钢丝绳以适当张力的张紧轮,一般设置在底坑内,有绳松弛开关和压缩装置

续表

名　　称	含　　义
反绳轮	一般设置在轿厢架和对重装置上部的动滑轮,称为反绳轮,根据需要曳引绳经过反绳轮可以构成不同的曳引比
随行电缆	连接于运行的轿厢底部与井道固定点之间的电缆
补偿链	用金属链构成的补偿装置
补偿绳防跳装置	当补偿绳张紧装置超出限定位置时,能使曳引机停止运转的电气安全装置
补偿绳	用钢丝绳及张紧轮构成的补偿装置
安全钳	轿厢或对重向下运行超速甚至在曳引悬挂装置断裂情况下,能使其停止并夹紧在导轨上的一种机械装置
缓冲器	设置在行程端部的一种弹性制停装置
极限开关	当轿厢运行超越终端限位开关,在轿厢或对重装置未接触缓冲器之前,强迫切断主电源和控制电源的非自动复位的安全装置

四、电梯轿厢部分常用术语(见表1-4-4)

表1-4-4　电梯轿厢部分常用术语

名　　称	含　　义
轿厢	电梯中运载乘客或其他载荷都被包围起来的部分
轿厢高度	从轿厢内部测得的地坎至轿厢顶部的垂直距离
轿厢入口	在轿厢壁上的开口部分,是构成从轿厢到层站之间的正常通道
轿厢宽度	沿垂直于轿厢入口方向,在距轿厢底1.0 m高处测得的轿厢壁两个内表面之间的水平距离
轿厢深度	沿垂直于轿厢宽度的方向,在距轿厢底1.0 m高处测得的轿厢壁两个内表面之间的水平距离
轿厢有效面积	地板以上1.0 m高处测得的轿厢面积
轿厢扶手	固定在轿厢壁上的扶手
轿厢架	用于安装轿厢的金属结构的组合框架,由立柱、下梁、上梁和拉杆等部件组成
轿厢壁	由金属薄板制作,与轿厢底、轿厢顶和轿厢门构成封闭空间
轿厢安全窗	设在轿厢顶部向外开启的封闭窗,供安装、检修人员使用或发生事故时供乘客出入之用
轿厢位置指示	设置在轿厢内,显示其运行方向和层站的装置
紧急报警装置	电梯发生故障时,轿内乘客通过该装置能够同建筑物内组织机构进行呼救通话,使其得到救援
轿厢门	设置在轿厢入口的门
自动门	靠动力开关的轿门或层门
手动门	用人力开关的轿门或层门
中分门	层门或轿门,由门口中间各自向左、右以相同速度开启的门
旁开门	也称为"双折门""双速门"。层门或轿门的两扇门,以两种不同速度向同一侧开启的门
左开门	面对轿厢,向左方向开启的层门或轿门
右开门	面对轿厢,向右方向开启的层门或轿门

名　称	含　义
垂直滑动门	沿门两侧垂直门导轨滑动开启的门
垂直中分门	层门或轿门的两扇门,由门中间以相同速度各自向上、下开启的门
安全触板	在轿门关闭过程中,当有乘客或障碍物触及时,轿门重新打开的机械门保护装置
光幕	轿门边设置两组水平的光电设置,当有人或物在门的行程中遮断了任一根光线都会使门重新打开
轿顶检修装置	设置在轿顶上部,供检修人员检修对应用的装置
轿顶照明装置	设置在轿顶上部,供检修人员检测时照明的装置
称重装置	为防止电梯超载而能自动检测轿厢载荷的安全装置

思考题:

(1)什么是曳引驱动电梯?

(2)什么是满载直驶?

(3)什么是超载保护?

(4)什么是平层精度?

第二章
电梯的机械系统

电梯是机电一体化的大型复杂产品,其中机械部分相当于人的躯体,电气部分相当于人的神经,两者高度合一,是电梯成为现代科技的综合产品。

电梯的机械部分由曳引系统、轿厢和门系统、平衡系统、导向系统等部分组成。

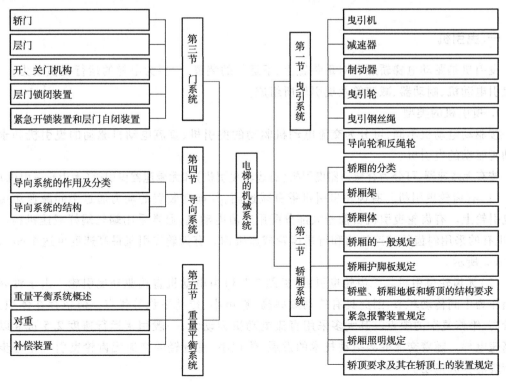

第一节 曳引系统

学习目标

（1）了解电梯曳引系统的分类、组成及各部分的作用。

（2）了解电梯曳引机和制动器的主要类型、作用及工作原理。

（3）掌握曳引钢丝绳的作用、结构性能指标及钢丝绳端部连接装置。

曳引系统主要由曳引机、曳引轮、导向轮和曳引钢丝绳等部件组成，其主要作用是输出和传递动力，驱动电梯运行，如图 2-1-1 所示。

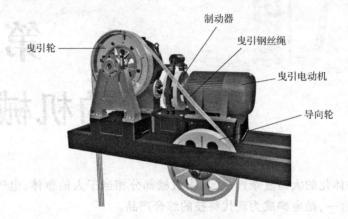

图 2-1-1 电梯曳引系统

一、曳引机

曳引机是驱动电梯轿厢和对重装置上、下运行的装置，主要为电梯的运行提供动力，一般由曳引电动机、制动器、减速箱及曳引轮所组成。

1. 曳引机的类型

按驱动电动机不同，可分为交流电动机驱动的曳引机、直流电动机驱动的曳引机和永磁电动机驱动的曳引机。

按有无减速器，可分为有减速器曳引机（有齿轮曳引机）和无减速器曳引机（无齿轮曳引机）。

（1）有齿轮曳引机。有齿轮曳引机带有减速箱，其拖动装置的动力通过中间减速箱传递到曳引轮上。有齿轮曳引机目前绝大部分配用交流电动机，通常采用蜗轮蜗杆减速机构。目前，也有的采用斜齿轮减速机构和行星齿轮减速机构。有齿轮曳引机最高速度可达 4 m/s，如图 2-1-2 所示。

（2）无齿轮曳引机。无齿轮曳引机（见图 2-1-3）由电动机直接驱动曳引轮。由于没有减速箱作为中间传动环节，因此具有传动效率高、噪声小、传动平稳等优点。但也存在体积大、造价高、维修复杂的缺点。其大多采用直流电动机为动力，一般用于运行速度 2.5 m/s 以上的高速电梯。随着交流变频拖动技术的发展，体积小、重量轻的交流无齿轮曳引机正逐步取代传统的直流拖动。

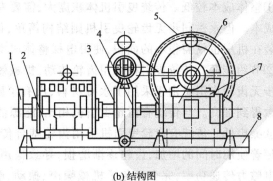

(a) 实物图

(b) 结构图

图 2-1-2　有齿轮曳引机

1—手轮;2—电动机;3—制动轮;4—制动器;5—曳引轮;6—减速器;7—垫片;8—底座

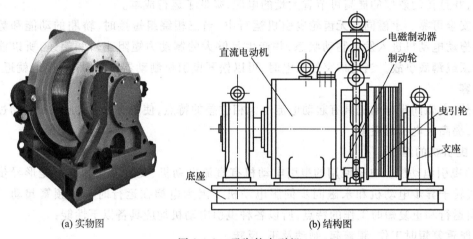

(a) 实物图

(b) 结构图

图 2-1-3　无齿轮曳引机

永磁同步无齿轮曳引机(见图 2-1-4)是近些年来得到迅速发展的新型曳引机。与传统曳引机相比,永磁同步无齿轮曳引机具有以下特点:

图 2-1-4　永磁同步无齿轮曳引机

①整体成本较低。传统曳引机体积庞大，需要专用的机房，而且机房面积也较大，增加了建筑成本。但永磁同步无齿轮曳引机则结构简单，体积小、重量轻，可适用于无机房状态，即使安装在机房也仅需很小的面积，使得电梯整体成本降低。

②节约能源。传统曳引机采用齿轮传动，机械效率较低，能耗高，电梯运行成本较高。永磁同步无齿轮曳引机由于采用了永磁材料，没有了励磁线圈和励磁电流消耗，使得电动机功率因数得到提高。与传统有齿轮曳引机相比，能源消耗可以降低40%左右。

③噪声低。传统有齿轮曳引机采用齿轮啮合传递功率，所以齿轮啮合产生的噪声较大，并且随着使用时间的增加，齿轮逐渐磨损，导致噪声加剧。永磁同步无齿轮曳引机采用非接触的电磁力传递功率，完全避免了机械噪声、振动、磨损。传统曳引电动机转速较快，产生了较大的运转和风噪。永磁同步无齿轮曳引机本身转速较低，噪声及振动小，所以整体噪声和振动得到明显改善。

④高性价比。永磁同步无齿轮曳引机取消了齿轮减速箱，简化了结构，降低了成本，减轻了重量，并且传动效率的提高可节省大量的电能，降低了运行成本。

⑤安全可靠。永磁同步无齿轮曳引机运行中，当三相绕组短接时，轿厢的动能和势能可以反向拖动电动机进入发电制动状态，并产生足够大的制动力矩阻止轿厢超速，所以能避免轿厢冲顶或蹲底事故。当电梯突然断电时，可以松开曳引机制动器，使轿厢缓慢地就近平层，解救乘客。

另外，永磁同步电动机具有起动电流小无相位差的特点，使电梯起动、加速和制动过程更加平顺，提高了电梯舒适感。

2. 曳引机的组成

（1）曳引电动机。电梯使用的曳引电动机有直流电动机、交流单速和双速笼形异步电动机、绕线转子异步电动机和永磁同步伺服电动机。因为电梯在运行时具有频繁起动、制动、正、反向运行和重复短时工作的特点，所以各种曳引电动机均应具备以下性能：

①能重复短时工作，频繁起、制动及正、反转。

②能适应电源电压（在一定范围的）波动，有足够的起动转矩，且起动电流较小。

③有较"硬"的机械特性，在电梯运行时因负荷的变化造成运行速度的变化较小。

④具有良好的调速性能。

⑤运转平稳、工作可靠、噪声小及维护方便。

（2）减速器。电梯的工作特性要求曳引机减速器具有体积小、重量轻、传动平稳、承载能力大、传动比大、噪声低、工作可靠、寿命长以及维护保养方便等特点。电梯常用的减速器有以下几种：

①蜗轮蜗杆减速器：具有传动平稳、噪声低、抗冲击承载能力大、传动比大和体积小的优点。它电梯曳引机最常用的减速器，如图2-1-5所示。

电梯用蜗轮蜗杆减速器通常有上置、下置和侧置3种蜗杆布置形式。早期蜗杆减速器因润滑要求常采用下置式布置蜗杆，这种配置方式由于润滑油液面加至蜗杆轴心线平面，因此蜗轮摩擦面润滑条件较好，有利于减少起动磨损，提高润滑效率。但是，蜗杆轴伸处容易漏油，增加了蜗杆轴油封的复杂性。随着蜗杆传动润滑技术的发展和曳引机轻量化的发展要求，采用法兰盘套装连接电动机的上置和侧置蜗杆形式的减速器大量出现。这种布置可减小曳引机座面积，安装方便，布置灵活，但润滑设计要求较高。

②斜齿减速器:在20世纪70年代开始应用于电梯曳引机构。斜齿轮传动具有传动效率高,制造方便的优点。也存在着传动平稳性不如蜗轮传动、抗冲击承载能力不高、噪声较大的缺点。因此,斜齿轮减速器在曳引机上应用,要求有很高的疲劳强度以及较高的齿轮精度和配合精度,要保证总起动次数2 000万次以上不能发生疲劳断裂。在电梯紧急制动、安全钳和缓冲器动作等情况的冲击载荷作用时,确保齿轮不会有损伤,保证电梯运行安全。斜齿轮减速器的外观如图2-1-6所示。

图 2-1-5   蜗轮蜗杆减速器   图 2-1-6   斜齿轮减速器

③行星齿轮减速器:具有结构紧凑、减速比大、传动平稳性和抗冲击承载能力优于斜齿轮传动,以及噪声小等优点。在交流拖动占主导地位的中高速电梯上有广阔的发展前景。它有利于采用小体积、高转速的交流电动机,且有维护要求简单、润滑方便、寿命长的特点,是一种新型的曳引机减速器,如图2-1-7所示。

图 2-1-7   行星齿轮减速器

(3)制动器:

①制动器的作用:制动器是电梯上一个极其重要的部件。其主要作用是保持轿厢的停止位置,防止电梯轿厢与对重的重量差产生的重力导致轿厢移动,保证进出轿厢的人员与货物的安全。

电梯制动器必须采用常闭式摩擦型机电式制动器;当主电路或控制电路断电时,制动器必须无附加延迟地立即制动。制动器的制动力应由有导向的压缩弹簧或重锤来施加。制动力矩应足以使以额定速度运行并载有 125%的额定载荷的轿厢制停。制动过程应至少由两块闸瓦或两套制动件作用在制动轮或制动盘上来实现。当其中之一不起作用时,制动轮或制动盘上应仍能获得足够的制动力,使载有额定载荷的轿厢减速。

为了保证在断电或紧急情况下能移动轿厢,当向上移动具有额定载重负荷的轿厢,所需力不大于 400 N 时,制动器应具有手动松闸装置。应能手动松开制动器并需以持续力保持其松开状态(松手即闭)。当所需动作力大于 400 N 时,电梯应设置紧急电动运行装置。

切断制动器电流至少应用两个独立的电气装置来实现,当电梯停止时,如果其中一个接触器主触点未打开,最迟到下一次运行方向改变时,应防止电梯再运行。

②制动器的组成:电梯使用的制动器,为保证动作的稳定性和减小噪声,一般均采用直流电磁铁开闸的瓦块式制动器。制动轮应与曳引轮连接。

制动器一般由制动轮、制动电磁铁、制动臂、制动闸瓦、制动器弹簧等组成,如图 2-1-8 所示。

图 2-1-8　电磁制动器

- 电磁铁。根据制动器产生电磁力的线圈工作电流,分为交流电磁制动器和直流电磁制动器。由于直流电磁制动器制动平稳、体积小、工作可靠,电梯多采用直流电磁制动器。因此,这种制动器的全称是常闭式直流电磁制动器。

直流电磁铁由绕制在铜质线圈套上的线圈和用软磁性材料制造的铁芯构成。电磁铁的作用是用来松开闸瓦。当闸瓦松开时,闸瓦与制动轮表面应有 0.5 ~ 0.7 mm 的合理间隙。为此,铁芯在吸合时,必须保证足够的吸合行程。在吸合时,为防止两铁芯底部发生撞击,其间应留有适当间隙。吸合行程和两铁芯底部间隙都可以按需要调整。线圈工作温度一般控制在 60℃ 以下,最高不大于 105℃,线圈温度的高低与其工作电流有关。有关工作电流、吸合行程等参数在产品的铭牌上均有标注。

- 制动臂。制动臂的作用是平稳地传递制动力和松闸力,一般用铸钢或锻钢制成,应具有足够的强度和刚度。
- 制动瓦。制动瓦提供足够制动的摩擦力矩,是制动器的工作部分,由瓦块和制动带构成。瓦块由铸铁或钢板焊接而成;制动带常采用摩擦因数较大的石棉材料用铆钉固定在瓦块上。为使制动瓦与制动轮保持最佳抱合,制动瓦与制动臂采用铰接方式,使制动瓦有一定的活动范围。
- 制动弹簧。制动弹簧的作用是通过制动臂向制动瓦提供压力,使其在制动轮上产生制动力矩。通过调整弹簧的压缩量,可以调整制动器的制动力矩。

制动器的选择原则:符合已知工作条件,并有足够的储备,以保证一定的安全系数;所有的构件要有足够的强度;摩擦零件的磨损量要尽可能小,摩擦零件的发热不能超过允许的温度;上闸制动平稳,松闸灵活,两摩擦面可完全松开;结构简单,便于调整和检修,工作稳定;轮廓尺寸和安装位置尽可能小。

制动力矩是选择制动器的原始数据,通常是根据重物能可靠地悬吊在空中或考虑增加重物的这一条件来确定制动力矩。由于重物下降时,惯性产生下降力会作用于制动轮,产生惯性力矩,因而在考虑电梯制动器的安全系数时,不要忽略惯性力矩。

（4）曳引轮。曳引轮安装在曳引机的主轴上,起到增加钢丝绳和曳引轮间的静摩擦力的作用,从而增大电梯运行的牵引力,它是曳引机的工作部分,在曳引轮缘上开有绳槽。曳引轮的结构如图 2-1-9 所示。其中,ϕ 表示外径,D 表示直径。

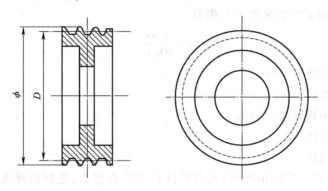

图 2-1-9　曳引轮的结构

曳引轮依靠曳引钢丝绳与绳槽之间的摩擦力来传递动力,当曳引轮两侧的钢丝绳有一定拉力差时,应保证曳引钢丝绳不打滑。为此,必须使绳槽具有一定形状。在电梯中常见的绳槽形状有半圆槽、带切口半圆槽和楔形槽 3 种,如图 2-1-10 所示。

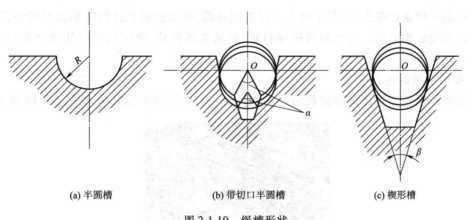

(a) 半圆槽　　　　(b) 带切口半圆槽　　　　(c) 楔形槽

图 2-1-10　绳槽形状

①半圆槽（U 形槽）。半圆绳槽与钢丝绳形状相似,与钢丝绳的接触面积最大,对钢丝绳挤压力较小,钢丝绳在绳槽中变形小、摩擦小,利于延长钢丝绳和曳引轮寿命,但其当量摩擦系数小时,绳易打滑。为提高曳引能力,必须用复绕曳引绳的方法,以增大曳引绳在曳引轮上的包角。半圆槽还广泛用于导向轮、轿顶轮和对重轮。

②带切口的半圆槽（凹形槽）。在半圆槽底部切制了一个楔形槽,使钢丝绳在沟槽处发生

弹性变形,一部分楔入槽中,使当量摩擦系数大为增加,一般可为半圆槽的 1.5~2 倍。增大槽形中心角 α,可提高当量摩擦系数,α 最大限度为 120°,实际使用中常取 90°~110°。如果在使用中,因磨损而使槽形中心下移时,则中心角 α 大小基本不变,使摩擦力也基本保持不变。基于这一优点,这种槽形在电梯上应用最为广泛。

③楔形槽(V 形槽)。槽形与钢丝绳接触面积较小,槽形两侧对钢丝绳产生很大的挤压力,单位面积的压力较大,钢丝绳变形大,使其产生较大的当量摩擦系数,可以获得较大的摩擦力,但使绳槽与钢丝绳间的磨损比较严重,磨损后的曳引绳中心下移,楔形槽与带切口的半圆槽形状相近,传递能力下降,使用范围受到限制,一般只用在杂货梯等轻载低速电梯。

曳引轮计算直径 D 的大小,取决于电梯的额定速度、曳引机额定工作力矩和曳引钢丝绳的使用寿命。若电梯的额定速度为 v,则有

$$v = \frac{\pi D n}{60 i_1 i_2}$$

式中:v——电梯运行速度 m/s;

　　　D——曳引轮直径,m;

　　　n——曳引电动机转速,r/min。

　　　i_1——减速器速比;

　　　i_2——电梯曳引比。

可见,在其他条件一定的情况下,曳引轮计算直径 D 越大,电梯的速度越快。同时,曳引轮计算直径 D 的大小,决定了钢丝绳工作弯曲时的曲率半径。

曳引轮的材质对曳引钢绳和绳轮本身的使用寿命都有很大影响。曳引轮一般均用球墨铸铁制造,因为球状石墨结构能减少曳引钢丝绳的磨损,使绳槽耐磨。

二、曳引钢丝绳

曳引钢丝绳也称曳引绳,是电梯上专用的钢丝绳,其功能就是连接轿厢和对重装置,并被曳引机驱动使轿厢升降。它承载着轿厢自重、对重装置自重、额定载质量及驱动力和制动力的总和。

1. 曳引钢丝绳的结构

曳引钢丝绳一般采用圆形股状结构,主要由钢丝、绳股和绳芯组成,如图 2-1-11 所示。

图 2-1-11　钢丝绳股状结构

(1)钢丝是钢丝绳的基本强度单元,要求有很高的韧性和强度,通常由含碳量为 0.5%~0.8%的优质碳钢制成。为防止脆性,在材料中硫、磷的含量不得大于 0.5%。钢丝的质量根据韧性的高低,即耐弯次数的多少,分为特级、Ⅰ级、Ⅱ级。电梯用钢丝绳采用特级钢丝。我国

电梯使用的曳引绳钢丝的强度有 1 274 N/mm²（MPa）、1 372 N/mm² 和 1 519 N/mm² 三种。钢丝绳的横截面积如图 2-1-12 所示。

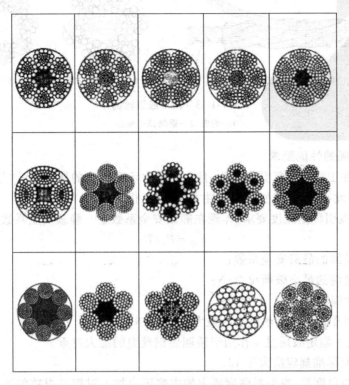

图 2-1-12　钢丝绳横截面图

（2）绳股是用钢丝捻成的每一根小绳。按绳股的数目有 6 股绳、8 股绳和 18 股绳之分。对于直径和结构都相同的钢丝绳，股数多，其疲劳强度就高；外层股数多，钢丝绳与绳槽的接触状况就更好，有利于提高曳引绳的使用寿命。电梯一般采用 6 股和 8 股钢丝绳，但更趋于使用 8 股绳。

（3）绳芯是被绳股缠绕的挠性芯棒，支承和固定着绳股，并储存润滑油。绳芯分纤维芯和金属芯两种，由于用剑麻等天然纤维和人造纤维制成的纤维芯具有较好的挠性，所以电梯曳引绳采用纤维芯。

按绳股的形状，分为圆形股和异形股钢丝绳。虽然后者与绳槽接触好，使用寿命相对较长，但由于其制造复杂，所以电梯中使用圆形股钢丝绳。

《电梯用钢丝绳》（GB 8903—2005）中规定电梯使用的曳引钢丝绳一般是 6 股和 8 股，即 6×19S + NF 和 8×19S + NF 两种，如图 2-1-13 所示。

6×19S + NF 型钢丝绳为 6 股，每股 3 层，外侧两层均为 9 根钢丝，内部为 1 根钢丝；8×19S + NF 型与 6×19S + NF 型结构相同，钢丝绳为 8 股，每股 3 层，外侧两层均为 9 根钢丝，内部为 1 根钢丝。上述钢丝绳直径有 6 mm、8 mm、11 mm、13 mm、16 mm、19 m、22 mm 等几种规格。

《电梯用钢丝绳》（GB 8903—2005）对钢丝的化学成分、力学性能等也做了详细规定，要求由含碳量为 0.4%～1% 的优质钢材制成，材料中的硫、磷等杂质的含量小于 0.035%。

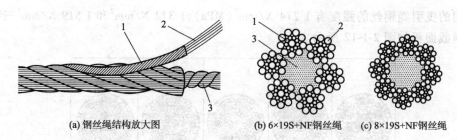

图 2-1-13　圆形股钢丝绳

(a) 钢丝绳结构放大图　　(b) 6×19S+NF钢丝绳　(c) 8×19S+NF钢丝绳

1—绳股;2—钢丝;3—绳芯

2. 曳引钢丝绳的性能要求

由于曳引绳在工作中反复受到弯曲,且在绳槽中承受很高的比压,并频繁承受电梯起动、制动时的冲击,因此在强度、挠性及耐磨性方面,均有很高要求。

(1)强度:对曳引绳的强度要求,体现在静载安全系数上。静载安全系数为:

$$K_{静} = P_n / T$$

式中:$K_{静}$——钢丝绳的静载安全系数;

　　　P——钢丝绳的最小破断拉力;N;

　　　n——钢丝绳根数;

　　　T——作用在轿厢侧钢丝绳上的最大静荷力,N。

T = 轿厢自重 + 额定载质量 + 作用于轿厢侧钢丝绳的最大自重。

对于 $K_{静}$,国家标准规定应大于 12。

从使用安全的角度看,曳引绳强度要求的内容还应加上对钢丝根数的要求。国家标准规定不少于 3 根。

(2)耐磨性:电梯在运行时,曳引绳与绳槽之间始终存在着一定的滑动而产生摩擦,因此要求曳引绳必须有良好的耐磨性。钢丝绳的耐磨性与外层钢丝的粗度有很大关系,因此曳引绳多采用外粗式钢丝绳,外层钢丝的直径一般不小于 0.6 mm。

(3)挠性:良好的挠性能减少曳引绳在弯曲时的应力,有利于延长使用寿命,为此,曳引绳均采用纤维芯结构的双挠绳。

3. 曳引钢丝绳的主要规格参数与性能指标

(1)主要规格参数:公称直径,指绳外围最大直径。

(2)主要性能指标:破断拉力及公称抗拉强度。

①破断拉力:指整条钢丝绳被拉断时的最大拉力,是钢丝绳中钢丝的组合抗拉能力,取决于钢丝绳的强度和绳中钢丝的填充率。

②破断拉力总和:指钢丝在未被缠绕前抗拉强度的总和。但钢丝绳一经缠绕成绳后,由于弯曲变形,使其抗拉强度有所下降,因此两者间关系有一定比例。

$$破断拉力 = 破断拉力总和 × 0.85$$

③钢丝绳公称抗拉强度:指单位钢丝绳截面积的抗拉能力。

$$钢丝绳公称抗拉强度 = \frac{钢丝绳破断拉力总和}{钢丝绳截面积总和}$$

4. 钢丝绳端部连接装置

曳引钢丝绳的端部连接装置是电梯上一组重要的承力构件。钢丝绳与端部连接装置的结合强度应至少能承受钢丝绳最小破断负荷的 80%。每根绳端的连接装置应是独立的,每根绳至少有一端的连接装置是可调节钢丝绳张力的。

常用的钢丝绳端部连接装置有以下几种。

(1)锥套型:连接锥套经铸造或锻造成型,根据吊杆与锥套的连接方式,端部连接锥套又可分为纹接式、整体式、螺纹连接式。

钢丝绳与锥套的连接是在电梯安装现场完成的。最常用的是巴氏合金浇铸法。将钢丝绳端部绳股拆开并清洗干净,然后将钢丝折弯倒插入锥套,将熔融的巴氏合金灌入锥套,冷却固化即可。但这种方法操作不当很难达到预计强度。

(2)自锁楔型:自锁楔型绳套由套筒和楔块组成,如图 2-1-14 所示。钢丝绳绕过楔块后穿入套筒,依靠楔块与套筒内孔斜面的配合,在钢丝绳拉力作用下自锁固定。为防止楔块松脱,楔块下端设有开口销,绳端用绳夹固定。这种绳端连接方法具有拆装方便的优点,但抗冲击性能较差。

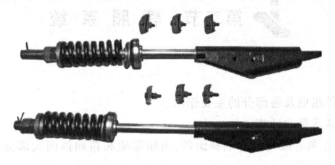

图 2-1-14　自锁楔型绳套

(3)绳夹:使用钢丝绳通用绳夹(见图 2-1-15)紧固绳端是一种简单方便的方法。钢丝绳绕过鸡心环套形成连接环,绳端部至少用 3 个绳夹固定。由于用绳夹夹绳时对钢丝绳产生很大的应力,所以这种连接方式连接强度较低,一般仅在杂物梯上使用。

图 2-1-15　绳夹

电梯钢丝绳端部连接装置还有捻接、套管固定等连接方法。钢丝绳张力调节一般采用螺纹调节。为减少各绳伸长差异对张力造成过大影响,一般在绳端连接处加装压缩弹簧或橡胶垫以均衡各绳张力,同时起缓冲减震作用。曳引钢丝绳的张力差应小于 5%。

三、导向轮和反绳轮

导向轮是将曳引钢丝绳引向对重或轿厢的钢丝绳轮,安装在曳引机架或承重梁上。反绳轮是设置在轿厢顶部和对重顶部位置的动滑轮以及设置在机房里的定滑轮。根据需要,将曳引钢丝绳绕过反绳轮,用以构成不同的曳引绳传动比。根据传动比的不同,反绳轮的数量可以是一个、两个或更多。

思考题:

(1)简述曳引机的分类。

(2)曳引装置由哪些部件组成?

(3)曳引减速器有哪些类型?

(4)制动器的作用是什么?

(5)简述曳引钢丝绳的要求。

(6)简述绳头组合的结构要求。

(7)常用曳引轮槽形有哪三种?

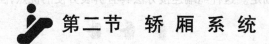

第二节　轿厢系统

学习目标

(1)了解轿厢的组成及各部分的主要作用。

(2)了解轿厢载质量的计算。

轿厢是用来运送乘客或货物的电梯组件,由轿厢架和轿厢体两大部分组成,其基本结构如图 2-2-1 所示。

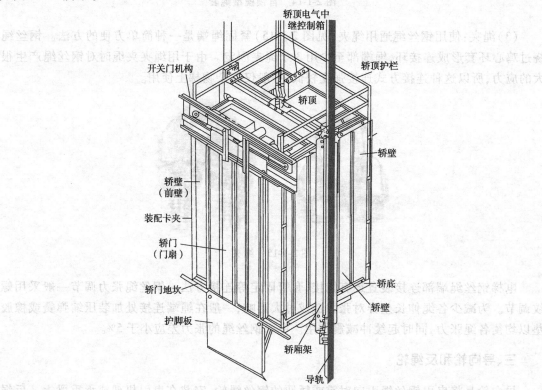

图 2-2-1　轿厢结构

一、轿厢的分类

1. 按用途分类

轿厢按用途分类可分为客梯轿厢、货梯轿厢、住宅梯轿厢、病床梯轿厢、汽车梯轿厢、观光梯轿厢和杂物梯轿厢。

2. 按开门方式分类

轿厢按开门方式分类可分为自动门轿厢、手动门轿厢和半自动门轿厢。

3. 按门结构形式分类

轿厢按门结构方式分类可分为中分门轿厢、双折或三折侧开门轿厢、铰链门轿厢和直分门轿厢。

4. 按轿底结构分类

轿厢按轿底结构分类可分为固定轿底轿厢和活动轿底轿厢。

二、轿厢架

轿厢架由上梁、立梁、下梁和拉条组成，如图 2-2-2 所示。上梁和下梁各用两根 16～30 号槽钢制成，也可用 3～8 mm 厚的钢板压制而成。立梁用槽钢或角钢制成，也可用 3～6 mm 的钢板压制成。上下梁有两种结构形式：其中一种把槽钢做背靠背的放置；另一种则做面对面的放置。由于上、下梁的槽钢放置形式不同，作为立梁的槽钢或角钢在放置形式上也不相同，而且安全钳的安全嘴在结构上也有较大的区别。

三、轿厢体

一般电梯的轿厢由轿底、轿壁、轿顶、轿门等机件组成，如图 2-2-3 所示。轿厢出入口及内部净高度至少为 2 m，轿厢的面积应按 GB 7588—2003 中 8.2 条的规定进行有效控制。

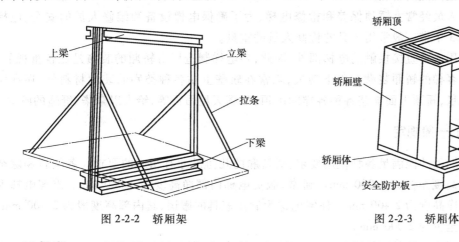

图 2-2-2 轿厢架　　　　图 2-2-3 轿厢体

1. 轿底

轿底用 6～10 号槽钢和角钢按设计要求的尺寸焊接成框架，然后在框架上铺设一层 3～4 mm 厚的钢板而成。一般货梯在框架上铺设的钢板多为花纹钢板。普通客梯、医梯在框架上铺设的多为普通平面无纹钢板，并在钢板上粘贴一层塑料地板。高级客梯则在框架上铺设一层木板，然后在木板上铺放一块地毯。

高级客梯的轿厢大多设计成活络轿厢,这种轿厢的轿顶、轿底与轿架之间不用螺栓固定,在轿顶上通过 4 个滚轮限制轿厢在水平方向上做前后和左右摆动。而轿底的结构比较复杂,需有一个用槽钢和角钢焊接成的轿底框,这个轿底框通过螺栓与轿架的立梁连接,框的 4 个角各设置一块 40 ~ 50 mm 厚、大小为 200 mm × 200 mm 左右的弹性橡胶。同一般轿底结构相似,与轿顶和轿壁紧固成一体的轿底放置在轿底框的 4 块弹性橡胶板上。由于这 4 块弹性橡胶板的作用,轿厢能随载荷的变化而上下移动。若在轿底再装设一套机械和电气检测装置,就可以检测电梯的载荷情况。若把载荷情况转变为电信号送到电气控制系统,就可以避免电梯在超载的情况下运行,减少事故发生。

2. 轿壁

轿壁多采用厚度为 1.2 ~ 1.5 mm 的薄钢板制成槽钢形式,壁板的两头分别焊一根角钢作堵头。轿壁间与轿顶、轿底间多采用螺钉紧固成一个箱体。壁板高度与电梯的类别及轿壁的结构形式有关,宽度一般不大于 100 mm。为了提高轿壁板的机械强度,减少电梯在运行过程中的噪声,在轿壁板的背面点焊用薄板压成形状的加强筋。大小不同的轿厢,用数量和宽度不等的轿壁板拼装而成。为了美观,有的在各轿壁板之间还装有铝镶条;有的在轿壁板面上贴一层防火塑料板;或用 0.5 mm 厚的不锈钢板包边;有的还在不锈钢制作的轿壁板上蚀刻图案或花纹等。对乘客电梯,轿壁上还装有扶手、整容镜等。

观光电梯轿壁可使用厚度不小于 10 mm 的安全夹层玻璃,玻璃上应有供应商名称或商标、玻璃形式和厚度的永久性标志。在距轿厢地板 1.1 m 高度以下,若使用玻璃作轿壁,则应在 0.9 ~ 1.1 m 的高度设一个扶手,这个扶手应牢固固定。

3. 轿顶

轿顶的结构与轿壁相仿。轿顶装有照明灯及电风扇。除杂物电梯外,有的电梯的轿顶还设置安全窗,在发生事故或故障时,便于检修人员上轿顶检修井道内的设备,必要时乘用人员还可以通过安全窗撤离轿厢。

由于检修人员经常上轿顶保养和检修电梯,为了确保电梯设备和维修人员的安全,电梯轿顶应能承受 3 个带一般常用工具的检修人员的重量。

轿厢是乘用人员直接接触的电梯部件,因此,各电梯制造厂对轿厢的装潢是比较重视的。特别是在高级客梯的轿厢装潢上更下功夫,除常在轿壁上贴各种类别的装潢材料外,还在轿厢地板上铺地毯,轿顶下面加装各种各样的吊顶,如满天星吊顶等,给人以豪华、舒适的感觉。

四、轿厢的一般规定

为保证轿厢的功能满足各种使用要求,对轿厢的几何尺寸有相应的要求。各类轿厢除杂物梯外内部净高度至少为 2 000 mm。通常,载货电梯内部净高度为 2 000 mm。乘客电梯因顶部装饰需要净高度为 2 400 mm。住宅电梯为满足家具的搬运,其内部高度般为 2 400 mm。轿厢门净高度至少为 2 000 mm。

轿厢的宽深比一般是客梯轿厢宽度大而深度较小,以利于增加开门宽度,方便乘客出入轿厢。病床梯轿厢为满足搬运病床的需要,深度不小于 2 500 mm,宽度不小于 1 600 mm。货梯轿厢可根据运载对象确定不同的宽深度尺寸。

为防止由于乘客拥挤引起超载,客梯轿厢的有效面积应予以限制。

额定载质量超过 2 500 kg 时,每增加 100 kg 面积增加 0.16 m²,对中间的载质量其面积由线性插入法确定。

电梯的额定乘客数量应根据电梯的额定载质量由下述公式求得：

$$额定载客数 = 额定载质量/75$$

计算结果向下圆整到最近的整数。

注意：超过 20 位乘客时，对超出的每一名乘客增加 $0.115 \ m^2$。

为避免轿厢乘员过多引起超载，必须对轿厢的有效面积做出限制。轿厢的有效面积指轿厢壁板内侧实际面积，国标《电梯制造与安装安全规范》（GB 7588—2003）对轿厢的有效面积与额定载质量、乘客人数都做了具体规定。

乘客数量由下述方法确定：按公式（额定载质量/75）计算结果向下圆整到最近的整数。

载货电梯及未经批准且未受过训练的使用者使用的非商业用汽车电梯，其轿厢有效面积亦应予以限制。此外，在设计计算时，不仅要考虑额定载质量，还要考虑可能进入轿厢的运载质量（货物不同造成的差异）。特殊情况，为了满足使用要求而难以同时满足对其轿厢有效面积予以限制的载货电梯和病床电梯在其额定载质量受到有效控制条件下（如安装超载限制装置，且保持灵敏可靠），轿厢面积可参照表 2-2-1 的规定执行。

表 2-2-1　乘客人数与轿厢最小面积

乘客人数	轿厢最小有效面积/m^2	乘客人数	轿厢最小有效面积/m^2	乘客人数	轿厢最小有效面积/m^2	乘客人数	轿厢最小有效面积/m^2
1	0.28	6	1.17	11	1.87	16	2.57
2	0.49	7	1.31	12	2.01	17	2.71
3	0.60	8	1.45	13	2.15	18	2.85
4	0.79	9	1.59	14	2.29	19	2.99
5	0.98	10	1.73	15	2.43	20	3.13

专供批准的且受过训练的使用者使用的非商业用汽车电梯，额定载质量应按单位轿厢有效面积不小于 $200 \ kg/m^2$ 计算，与上述防止轿厢引起超载方法的不同之处在于这种电梯是以轿厢有效面积乘以单位面积规定能承受的载质量来决定额定载质量，而不是采用限制轿厢有效面积来限制载质量（或人数）。

五、轿厢护脚板规定

为了防止轿厢平层结束前提前开门或平层后轿厢地坎高出层门地坎时因剪切而伤害脚趾，每一轿厢地坎均须装设护脚板，其宽度应等于相应层站入口整个净宽度。护脚板的垂直部分以下应成斜面向下延伸，斜面与水平面的夹角应大于 60°，该斜面在水平面上的投影深度不得小于 20 mm，垂直部分的高度应不小于 0.75 m。

六、轿壁、轿厢地板和轿顶的结构要求

轿壁、轿厢地板和轿顶必须具有足够的机械强度，且应完全封闭，只允许有下列开口：

（1）使用者经常出入的入口。

（2）轿厢安全门或轿厢安全窗。

（3）通风孔。

七、紧急报警装置规定

为使乘客在需要时能有效地向轿厢外求援,应在轿厢内装设乘客易于识别和触及的报警装置。该装置可采用警铃、对讲系统、外部电话或类似的形式。其电源应来自可自动再充电的紧急电源或由等效的电源来供电(当轿厢内电话与公用电话网连接时,不必执行此规定)。建筑物内的组织机构应能及时、有效地应答紧急求援呼救。

如果电梯行程大于 30 m,在轿厢和机房之间还应设置可自动再充电的紧急电源供电的对讲系统或类似装置,使维修和检查变得更加方便和安全。

八、轿厢照明规定

轿厢应装设永久性的电气照明,使控制装置上的照明度应不小于 50 lx,轿厢地板上的照明度宜不小于 50 lx。如果照明是采用白炽灯,则至少要有两只灯泡并联。轿厢内还应备有可自动再充电的紧急照明电源,在正常电源被中断时,它至少能供 1 W 灯泡用电 1 h,并能自动接通电源。

九、轿顶要求及其在轿顶上的装置规定

轿顶应有一定的机械强度,能支撑两个人。即在轿顶的任何位置,均能承受 2 000 N 的垂直力而无永久变形。轿顶应具有一块不小于 0.12 m² 的站人净面积,其短边应不小于 0.25 m。

如果在轿架上固定有反绳轮,则应设置挡绳装置和护罩,以避免悬挂绳松弛时脱离绳槽、伤害人体、绳与绳槽之间进入杂物。这些装置的结构应不妨碍对反绳轮的检查和维修,若悬挂采用链条,也要有类似的装置。

轿顶上应安装检修运行控制装置、停止开关和电源插座。

思考题:

(1)简述电梯轿厢的基本结构。

(2)简述电梯轿底式超载装置的组成。

(3)轿厢紧急报警装置和照明有何要求?

(4)护脚板的作用是什么?

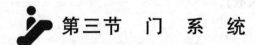

第三节　门　系　统

学习目标

(1)了解电梯门系统的结构。

(2)掌握电梯门系统相关机构的作用及工作原理。

电梯门系统主要包括轿门(轿厢门)、层门(厅门)与开门、关门等系统及其附属的零部件,其结构如图 2-3-1 所示。

一、轿门

轿门也称轿厢门,它是为了确保安全,在轿厢靠近层门的侧面设置供司机、乘用人员和货物出入的门。

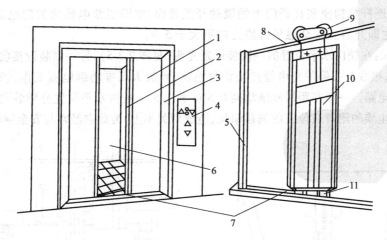

图 2-3-1　电梯门结构
1—厅门；2—轿门；3—门套；4—召唤盒；5—门立柱；6—轿厢；7—门地坎（门滑槽）；
8—厅门导轨；9—门滑轮；10—门扇；11—门滑块

1. 轿门的分类

轿门按结构形式分为封闭式轿门和网孔式轿门两种。按开门方向分为中开门（见图 2-3-2）和旁开门两种（见图 2-3-3）。货梯也有采用向上开启的垂直滑动门，这种门可以是网状的或带孔的板状结构形式。通用医梯、客梯及货梯的轿门均采用封闭式轿门。

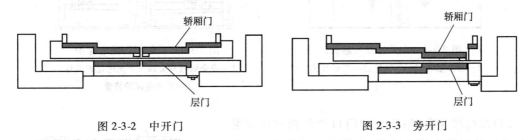

图 2-3-2　中开门　　　　　　　　　　　图 2-3-3　旁开门

轿门除了用钢板制作外，还可以用安全夹层玻璃制作，玻璃门扇的固定方式应能承受 GB 7588—2003 规定的作用力，且不损伤玻璃的固定件。玻璃门的固定件，应确保即使玻璃下沉时也不会滑脱。玻璃门扇上应有供应商名称或商标、玻璃的形式和厚度的永久性标志。对动力驱动的自动水平滑动玻璃门，为了避免拖动孩子的手，应采取减少手与玻璃之间的摩擦系数，使玻璃不透明部分高达 1.1 m 或感知手指的出现等有效措施，使危险降低到最低程度。

2. 轿门防撞人装置

封闭式轿门的结构形式与轿壁相似。由于轿厢门常处于频繁的开、关过程中，所以在客梯和医梯轿门的背面常做消声处理，以减少开、关门过程中由于振动所引起的噪声。大多数电梯的轿门背面除做消声处理外，轿门开口处还装有"防撞击人"的装置，这种装置在关门过程中，能防止动力驱动的自动门门扇撞击乘用人员。常用的防撞击人装置有安全触板式、光电式、红外线光幕式等多种形式。

（1）安全触板式：在自动轿厢门的边沿上，装有活动的在轿门关闭的运行方向上超前伸出一定距离的安全触板（见图 2-3-4），当超前伸出轿门的触板与乘客或障碍物接触时，通过与安全触板相连的连杆机构使装在轿门上的微动开关动作,立即切断电梯的关门电路并接通开门电路,使轿门立即开启。安全触板碰撞力应不大于 5 N。

(2)光电式:在轿门水平位置的一侧装设发光头(见图2-3-5),另一侧装设接收头,当光线被人或物遮挡时,接收头一侧的光电管产生信号电流,经放大后推动继电器工作,切断关门电路,同时接通开门电路。一般在距轿厢地坎高0.5 m和1.5 m处两水平位置分别装两对光电装置。光电装置常因尘埃的附着或位置的偏移错位,造成门关不上,为此它经常与安全触板组合使用。

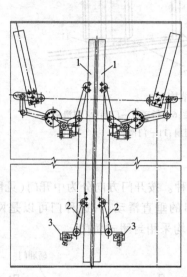
图 2-3-4　中开门安全触板
1—安全触板;2—下连杆;3—触板开关

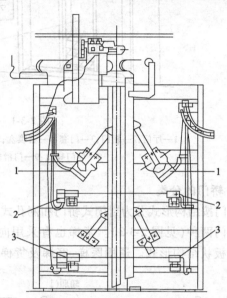
图 2-3-5　双触板与光电保护
1—安全触板开关;2—上光电保护装置;
3—下光电保护装置

(3)红外线光幕式:在轿门门口处两侧对应安装红外线发射装置和接收装置,如图2-3-6所示。发射装置在整个轿门水平发射40~90道或更多道红外线,在轿门口处形成一个光幕门。当人或物将光线遮住时,门便自动打开。该装置灵敏、可靠、无噪声、控制范围大,是较理想的防撞人装置。但它也会受强光干扰或尘埃附着的影响,产生不灵敏或误动作,因此也经常与安全触板组合使用。

封闭式轿门与轿厢及轿厢踏板的连接方式是轿门上方设置有吊门滚轮,通过吊门滚轮挂在轿门导轨上,门下方装设有门滑块,门滑块的一端插入轿门踏板的长槽内,使门在开、关过程中只能在预定的垂直面上运行。

此外,轿门必须装有轿门闭合验证装置,该装置因电梯的种类、型号不同而异,有的用顺序控制器控

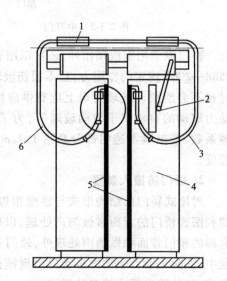
图 2-3-6　红外线光电保护
1—控制器;2—门臂;3—连接电缆;
4—轿门;5—红外探测器组;6—连接电缆

制门电动机运行和验证轿门闭合位置,有的用凸轮控制器上的限位开关,还有的用装在轿门架上的机械装置和装在主动门上的行程开关来检验轿门的闭合位置。只有轿门关闭到位后,电梯才能正常起动运行。在电梯正常运行中,轿门离开闭合位置时,电梯应立即停止。有些客梯轿厢在开门区内允许轿门开着走平层,但是速度必须小于 0.3 m/s。这时,电梯具有平层提前开门功能。

二、层门

层门也称厅门,与轿门一样,都是为了确保安全而在各层楼的停靠站、通向井道轿厢的入口处,设置供司机、乘用人员和货物等出入的门。

1. 层门的组成

层门应为无孔封闭门,主要由门套、层门扇、上坎组件等机件组成。旁开左(或右)封闭式层门的结构和传动原理与中分封闭式层门相仿。

2. 层门的一般规定

层门关闭后,门扇之间及门扇与门框之间的间隙应尽可能地小。客梯的间隙应小于 6 mm,货梯的间隙应小于 8 mm。磨损后最大间隙也不应大于 10 mm。

由于层门是分隔和连通候梯大厅和井道的设施,所以在层门附近,每层的楼道自然或人工照明应足够亮,以便乘用人员在打开层门进入轿厢时,即使轿厢照明发生故障,也能看清楚前面的区域。如果层门是手动开启的,使用人员在开门前,应能通过面积不小于 0.01 m² 的透明视窗或一个"轿厢在此"的发光信号知道轿厢是否在那里。

电梯的每个层门都应装设层门锁闭装置(钩子锁)、证实层门闭合的电气装置、被动门关门位置证实电气开关(副门锁开关)、紧急开锁装置和层门自动关闭装置等安全防护装置,确保电梯正常运行时,应不能打开层门(或多扇门的一扇)。如果一层门或多扇门中的任何扇门开着,在正常情况下,应不能起动电梯或保持电梯继续运行。这些措施都是为了防坠落和剪切事故的发生。

三、开、关门机构

电梯轿门、厅门的开启和关闭,通常有手动和自动两种开关门方式。

1. 手动开、关门机构

电梯产品中采用手动开、关门的情况已经很少,但在个别货梯中还有采用的。采用手动开、关门的电梯是依靠分别装设在轿门和轿顶、层门和层门框上的拉杆门锁装置来实现的。

拉杆门锁装置由装在轿顶(门框)或层门框上的锁和装在轿门或层门上的拉杆两部分构成。门关妥时,拉杆的顶端插入锁的孔里,由于拉杆压簧的作用,在正常情况下拉杆不会自动脱开锁,而且轿门外和层门外的人员用手也扒不开层门和轿门。开门时,用手拉动拉杆,拉杆压缩弹簧使拉杆的顶端脱离锁孔,再用手将门往开门方向推,便能实现手动开门。

由于轿门和层门之间没有机械方面的联动关系,所以开门或关门时,必须先开轿门后再开层门,或者先关层门后再关轿门。

采用手动门的电梯,必须是由专职司机控制的电梯。开、关门时,司机必须用手依次关闭或打开轿门和层门,所以司机的劳动强度很大,而且电梯的开门尺寸越大,劳动强度就越大。随着科学技术的发展,采用手动开、关门的电梯已被自动开、关门电梯所代替。

2. 自动开、关门机构

电梯开关门系统的好坏直接影响电梯的运行可靠性。开关门系统是电梯故障的高发区，提高开关门系统的质量是电梯从业人员的重要目标之一。图 2-3-7 所示为开门机构示意图。

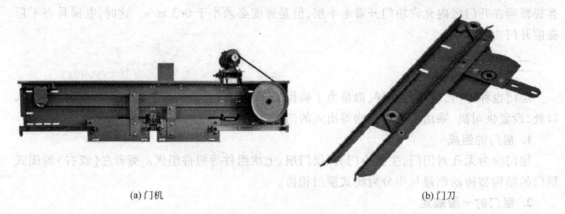

(a)门机   (b)门刀

图 2-3-7　开门机构示意图

开关门机构有直流调压调速驱动及连杆传动、交流调频调速驱动及同步齿形带传动和永磁同步电动机驱动及同步齿形带传动等 3 种。

（1）直流调压调速驱动及连杆传动开关门机构。在我国这种开关门机构自 20 世纪 60 年代末至今仍广泛采用，按开门方式又分有中分和双折式两种。由于直流电动机调压调速性能好、换向简单方便等特点，一般通过带轮减速及连杆机构传动实现自动开、关门。

（2）交流调频调速驱动及同步齿形带传动开关门机构。这种开关门机构利用交流调频调压调速技术对交流电动机进行调速，利用同步齿形带进行直接传动，省去了复杂笨重的连杆机构，降低了开关门机构功率，提高了开关门机构传动精确度和运行可靠性等，是一种比较先进的开关门机构。

（3）永磁同步电动机驱动及同步齿形带传动开关门机构。使用永磁同步电动机直接驱动开关门机构，同时使用同步齿形带直接传动，不但保留变频同步开关门机构的低功率、高效率的特点，而且大大减小了开关门机构的体积，特别适用于无机房电梯的小型化要求。

四、层门锁闭装置

层门锁闭装置一般位于层门内侧，是确保层门不被随便打开的重要安全保护设施。层门关闭后，将层门锁紧，同时接通门连锁电路，此时电梯方能起动运行。当电梯运行过程中所有层门都被门锁锁住时，一般人员无法将层门推开。只有电梯进入开锁区并停站时，层门才能被安装在轿门上的刀片带动而开启。在紧急情况下或需进入井道检修时，只有经过专门训练的专业人员方能用特制的三角钥匙从层门外打开层门。

层门锁闭装置分为手动开、关门的拉杆门锁和自动开、关门的钩子锁（也称自动门锁）两种。自动门锁只装在层门上，又称层门门锁。它的结构形式较多，按 GB 7588—2003 的要求，层门门锁不能出现重力开锁，也就是当保持门锁销紧的弹簧（或永久磁铁）失效时，其重力也不应导致开锁。常见自动门锁的外形结构如图 2-3-8 所示。

门锁的机电连锁开关，是证实层门闭合的电气装置，该开关应是安全触点式的，当两电气触点刚接通时,锁紧元件之间啮合深度至少为 7 mm,否则应调整。

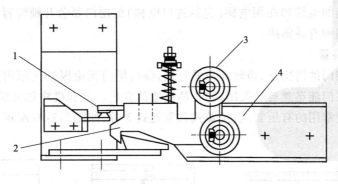

图 2-3-8　自动门锁

1—门电连锁接点;2—锁钩;3—锁轮;4—锁底板

如果滑动门用数个间接机械连接(如钢丝绳、皮带或链条)的门扇组成,且门锁只锁紧其中的一扇门,用这扇单一锁紧门来防止其他门扇的打开,而且这些门扇均未装设手柄或金属钩装置时,未被直接锁住的其他门扇的闭合位置也应装一个电气安全触点开关来证实其闭合状态。这个无门锁门扇上的装置称为副门锁开关。当门扇传动机构出现故障时(如传动钢丝绳脱落等),造成门扇关不到位,副门锁开关不闭合,电梯也不能起动和运行,起到安全保护作用。

五、紧急开锁装置和层门自闭装置

1. 紧急开锁装置

紧急开锁装置是供经过培训许可的专职人员在紧急情况下,需要进入电梯井道进行急救抢修或进行日常检修维护保养工作时,从层门外用与开锁三角孔(见图 2-3-9)相配的三角钥匙开启层门的机件。这种机件每层层门都应该设置,并且均应能用相应的三角钥匙有效打开,而且在紧急开锁之后,锁闭装置当层门闭合时,不应保持开锁位置。

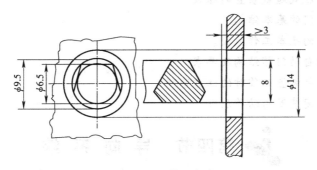

图 2-3-9　开锁三角孔

这种三角钥匙只能由一个持有特种设备操作证的人持有,钥匙应带有书面说明,详细讲述使用方法,以防止开锁后因未能有效重新锁上而可能引起事故。实践证明,三角钥匙由专人负责并掌握正确的使用方法,了解使用安全知识是非常重要的。因不了解三角钥匙的安全使用方法,操作不当而坠入井道的人身伤害事故时有发生。所以,提高有关人员的安全知识,制定相应的管理制度、严格管理好三角钥匙等是非常重要的。

我国目前制造的电梯和在用电梯(包括进口电梯)的层门紧急开锁装置,其钥匙的形状和尺寸尚未统一的问题有待解决。

2. 层门自闭装置

在轿门驱动层门的情况下,当轿厢离开开锁区时,层门无论因任何原因而开启,层门上都应有一套机构使层门能迅速自动关闭,防止坠落事故发生。这套机构称为层门自闭装置。

层门自闭装置常用的有压簧式、拉簧式和重锤式 3 种,如图 2-3-10 所示。

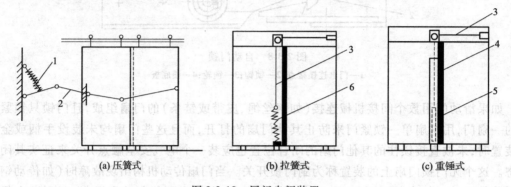

(a) 压簧式　　　(b) 拉簧式　　　(c) 重锤式

图 2-3-10　层门自闭装置
1—压簧;2—连杆;3—钢丝绳;4—导管;5—重锤;6—拉簧

重锤式是依靠挂在层门内侧面的重锤,在层门开启状态下靠自身的重量,将层门关闭并紧锁的装置。

拉簧式是靠层门打开时,弹簧被强行拉伸,在无开门刀或其他阻止力的情况下,靠弹簧收缩力将层门迅速关闭的装置。压簧式与拉簧式的原理相似。

思考题:

(1)简述电梯轿门的基本结构。

(2)简述电梯轿底式超载装置的组成。

(3)简述电梯层门的基本结构。

(4)简述开门机的基本工作原理。

(5)简述电梯的自动门锁结构及要求。

(6)简述紧急开锁装置工作时的注意事项。

(7)简述层门自闭装置的动作原理。

第四节　导向系统

学习目标

(1)了解电梯导向系统的作用。

(2)掌握导向系统的组成以及各部分的作用。

一、导向系统的作用及分类

为保证轿厢和对重在井道内以规定的轨迹上下运动,电梯必须设置导向机构。

导向系统在电梯运行过程中,限制轿厢和对重的活动自由度,使轿厢和对重只沿着各自的导轨做升降运动,不会发生横向的摆动和振动,保证轿厢和对重运行平稳不偏摆。电梯的导向系统包括轿厢导向系统(如图2-4-1)和对重导向系统(见图2-4-2)两部分。

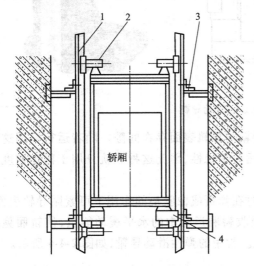
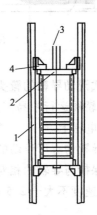

图 2-4-1 轿厢导向系统
1—导轨;2—导靴;3—导轨支架;4—安全钳

图 2-4-2 对重导向系统
1—导轨;2—对重;3—曳引绳;4—导靴

二、导向系统的结构

不论是轿厢导向系统还是对重导向系统均由导轨、导靴等组成。轿厢以两根(至少两根)导轨和对重导轨限定了轿厢与对重在井道中的相互位置;导轨架作为导轨的支撑件,被固定在井道壁上;导靴安装在轿厢和对重架的两侧(轿厢和对重各自装有至少4个导靴),导靴的靴衬(或滚轮)与导轨工作面配合,使一部电梯在曳引线的牵引下,一边为轿厢,另一边为对重,分别沿着各自的导轨做上、下运行。

1. 导靴

导靴设置在轿厢和对重装置上,利用导靴内的靴衬(或滚轮)在导轨面上滑动(或滚动),使轿厢和对重沿导轨上下运动。

导靴设置在轿厢架和对重架的4个角端,两个在上端,两个在下端。导靴主要有以下两种结构类型。

(1)滑动导靴:衬在导轨上滑动,使轿厢和对重沿导轨运行的导向装置称为滑动导靴。

滑动导靴常用于额定速度为2.5 m/s以下的电梯。滑动导靴按其靴头与靴座的相对位置固定与否分为固定滑动导靴和弹性滑动导靴。

固定滑动导靴一般用于载货电梯。货梯装卸货物时易产生偏载,使导靴受到较大的侧压力,要求导靴有足够的刚性和强度,固定式滑动导靴能满足此要求。这种滑动导靴一般由靴衬和靴座两部分组成,靴座通过铸造或焊接制成。靴衬常用摩擦系数低、耐磨性好、滑动性能好的尼龙或聚酯塑料制成。固定式滑动导靴如图 2-4-3 所示。

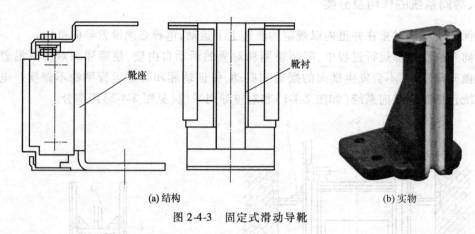

(a) 结构　　　　　　　　　　　　　　　　　(b) 实物

图 2-4-3　固定式滑动导靴

由于固定式滑动导靴的靴头是固定的,导靴与导轨表面存在间隙。随着运行磨损这种间隙还将增大,使轿厢运行中易产生晃动,影响运行平稳性,因此这种导轨只用于额定速度不大于 0.63 m/s 的电梯上。

弹性滑动导靴均有可浮动的靴头。其靴衬在弹簧或橡胶垫的作用下可紧贴导轨表面,使轿厢在运行中保持与导轨的相对位置,又可吸收轿厢运行中的水平震动能量,使轿厢晃动减小,因此常用于速度不大于 2.5 m/s 的客梯上。常用的弹性滑动导靴,如图 2-4-4 所示。

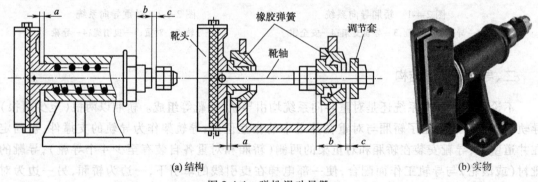

(a) 结构　　　　　　　　　　　　　　　　　(b) 实物

图 2-4-4　弹性滑动导靴

(2) 滚轮导靴:以 3 个滚轮代替滑动导靴的 3 个工作面,其滚轮沿导轨表面滚动的导向装置为滚轮导靴。滚轮导靴以滚动代替滑动,使导靴运行摩擦阻力大幅减小,在高速运行时磨损量相应降低。滚轮的弹性支撑有良好的吸震性能,可改善乘用时的舒适感,滚轮导靴在干燥的导轨表面工作,导轨表面无油,可减小火灾危险,如图 2-4-5 所示。

2. 电梯导轨

(1) 导轨的作用:

①导轨是轿厢和对重在竖直方向运动时的导向装置。

②限制轿厢和对重的活动自由度(轿厢运动导向和对重运动的导向使用各自的导轨),通常轿厢用导轨要稍大于对重用导轨。

③当安全钳动作时,导轨作为固定在井道内被夹持的支撑件,承受着轿厢或对重产生的强烈制动力,使轿厢或对重制停可靠。

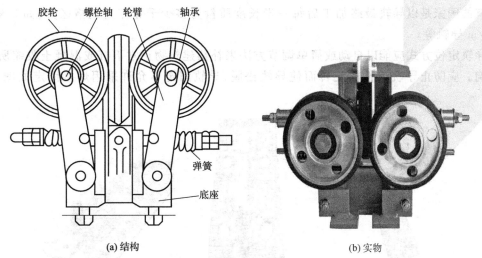

(a) 结构 (b) 实物

图 2-4-5 滚轮导靴

④防止由于轿箱的偏载而产生歪斜,保证轿厢运行平稳并减少震动。

(2)导轨的种类和标识:

①导轨的横截面(断面)形状。一般钢质导轨常采用机械加工或冷轧加工方法制作,其常见的导轨横截面形状,如图 2-4-6 所示。

(a) T形导轨   (b) L形导轨   (c) 圆形导轨   (d) 槽形导轨   (e) 空心导轨

图 2-4-6 常见导轨横截面形状

电梯中大量使用 T 形导轨,但对于货梯对重导轨和额定速度为 1 m/s 以下的客梯对重导轨,一般多采用 L 形导轨。

②导轨的标识。T 形导轨是电梯常见的专用导轨,具有良好的抗弯性能及加工性能。T形导轨的主要参数是底宽 b、高度 h 和工作面厚度 k(见图 2-4-7),我国原先用 $b \times k$ 作为导轨规格标识,现已推广使用国际标准 T 形导轨作为标识,共有 13 个规格,以底面宽度和工作面加工方法作为规格标志。

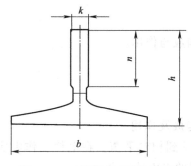

图 2-4-7 T 形导轨横截面形状

有的国家是以导轨最终加工后每一米长度质量为多少千克作为规格区分,如 8 kg/m、13 kg/m 导轨等。

导轨定位方式应能以自动或简单调节方法来补偿建筑物正常下沉或混凝土收缩所造成的影响。应防止导轨附件的旋转而使导轨松脱,导轨固定不允许采用焊接固定如图 2-4-8 所示。

图 2-4-8　常见导轨

(3)导轨支架:固定在井道壁或横梁上,用来支撑和固定导轨的构件称为导轨支架。导轨支架随电梯的品种、规格尺寸以及建筑的不同而变化。导轨支架有以下连接形式:

①直接埋入式:支架通过撑脚直接埋入预留孔中,其埋入深度一般不小于 120 mm。

②焊接式:支架直接焊接在井道壁上的预埋铁上。

③对穿螺栓式:在井道壁厚度小于 120 mm 时,用螺栓穿透井道壁固定支架。

④膨胀螺栓固定式:在井道壁为混凝土结构或有足够多的混凝土横梁时,可采用电锤打孔后用膨胀螺栓固定支架。这种固定方式的工艺方法对固定效果影响很大。

思考题:

(1)电梯的导向系统由哪几部分组成?它的功能是什么?

(2)电梯的导轨起什么作用?有哪些类型?

(3)导轨支架的架设要求是什么?它的固定方式有哪几种?

(4)试叙述电梯导靴的作用和结构形式。

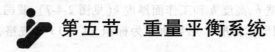

第五节　重量平衡系统

学习目标

(1)掌握电梯对重装置的构成与作用。

(2)了解电梯的补偿装置。

一、重量平衡系统概述

1. 重量平衡系统的功能、组成及作用

(1)功能:使对重与轿厢能达到相对平衡。在电梯工作中能使轿厢与对重间的重量差保持在某一个限额之内,保证电梯的曳引传动平稳、正常。

（2）组成：由对重装置和重量补偿装置两部分组成。

（3）重量平衡系统的作用：由对重装置和重量补偿装置两部分组成的平衡系统的示意图如图 2-5-1 所示。其中的对重装置起到相对平衡轿厢重量的作用，它与轿厢相对悬挂在曳引绳的另一端。

（4）补偿装置的作用：当电梯运行的高度超过 30 m 时，由于曳引钢丝绳和控制电缆的自重作用，使得曳引轮的曳引力和电动机的负载发生变化，补偿装置可弥补轿厢两边重量不平衡，这就保证了轿厢侧与对重侧的重量比在电梯运行过程中不变。

2. 重量平衡系统的平衡情况分析

（1）对重装置的平衡分析：对重又称平衡重，相对于轿厢悬挂在曳引绳的另一侧，起到相对平衡轿厢的作用。因为轿厢的载质量是变化的，因此不可能使两侧的质量随时相等而处于完全平衡状态。一般情况下，只有轿厢的载质量达到 50% 的额定载质量时，对重一侧和轿厢一侧才完全处于平衡状态，这时的载质量称为电梯的平衡点。这时，由于曳引绳两端的静荷重相等，因而电梯处于最佳工作状态。但是在电梯运行中，大多数情况下曳引绳两端的荷重是不相等的，因此对重只能起到相对平衡的作用。

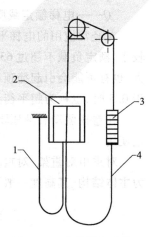

图 2-5-1　重量平衡系统
1—随行电缆；2—轿厢；
3—对重装置；4—重量补偿装置

（2）补偿装置的平衡分析：在电梯运行过程中，对重的相对平衡作用在电梯升降过程中在不断地变化。当轿厢位于底层时，曳引绳本身存在的重量大部分集中在轿厢侧；相反，当轿厢位于顶层时，曳引绳的自身重量大部分作用在对重侧，还有电梯控制电缆的自重，也都使轿厢和对重两侧的平衡发生变化，也就是轿厢一侧的重量 Q 与对重一侧的重量 W 的比例 Q/W 在电梯运行过程中是变化的。尤其是当电梯的提升高度超过 30 m 时，这两侧的平衡变化就更大，因而必须增设平衡补偿装置来减弱其变化。

平衡补偿装置悬挂在轿厢和对重的底面，在电梯升降时，其长度的变化正好与曳引绳长度变化相反，当轿厢位于最高层时，曳引绳大部分位于对重侧，而补偿链（绳）大部分位于轿厢侧；而当轿厢位于最低层时，情况与位于最高层时正好相反，这样就对轿厢的一侧和对重的一侧起到了平衡的补偿作用，保证了轿厢和对重的相对平衡。

二、对　重

1. 对重的作用

（1）可以平衡（相对平衡）轿厢的重量和部分电梯负载质量，减少电动机功率的损耗。当电梯的负载与电梯十分匹配时，还可以减小钢丝绳与绳轮之间的曳引力，延长钢丝绳的使用寿命。

（2）由于曳引式电梯有对重装置，轿厢或对重撞到缓冲器后，电梯失去曳引条件，避免了冲顶事故的发生。

（3）曳引式电梯由于设置了对重，使电梯的提升高度不像强制式驱动电梯那样受到卷筒的限制，因而提升高度也大幅增加。

2. 对重的质量计算

对重的总质量计算公式为：

$$G = W + K_\Psi Q$$

式中：G——对重总质量，kg；

  W——轿厢自重，kg；

  K_Ψ——平衡系数，0.4~0.5；

  Q——电梯额定载质量，kg。

对经常使用的电梯平衡系数应取下限，而经常处于重载工况的电梯则取上限。对于负载较小，额定负载不超过 630 kg 的小型电梯，即使超载一名乘客或一包货物，不平衡率也显得很大，也有可能会引起撞顶事故，因此，这类电梯的平衡系数可以取 K 平大于 0.5 的值。K_Ψ 大于 0.5 时，也称为超平衡点。

在卷扬驱动和液压驱动的电梯上，也可加辅助对重来平衡轿厢的部分自重，但一般应慎重使用。

对重由对重架、对重块、导靴、缓冲器撞头等组成，如图 2-5-2 所示。对重架通常用槽钢作为主体结构、其高度一般不宜超出轿厢高度。

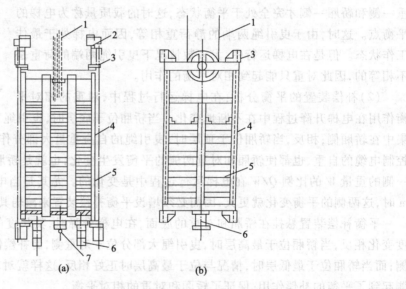

图 2-5-2　对重装置

1—曳引钢丝绳；2—润滑器；3—导靴；4—对重架；5—对重块；6—缓冲器撞头；7—补偿绳悬挂装置

对重块可由铸铁制作或钢筋混凝土填充。为了使对重易于装卸，每个对重块不宜超过 60 kg。有的对重架制成双栏结构，如图 2-5-2（b）所示，以减小对重块的尺寸。对重是铸铁时，则至少要用两根拉杆或其他压紧措施将对重块紧固住。

当曳引钢丝绳绕绳比大于 1 时，对重架上设有滑轮。此时应设置一种装置，以避免悬挂绳松弛时脱离绳槽，并能防止绳与绳槽之间进入杂物。在底坑下存在人能达到的空间时，对重上还应设置安全措施。缓冲撞头设置在对重架下框上，可做成多节可拆式，这样当曳引绳使用一段时间后伸长一定值时，可取下一节撞头，再伸长一定值时，再取下一节，这样可避免电梯经常装接曳引绳端，给维修人员带来方便。

三、补偿装置

电梯在运行中,轿厢侧和对重侧的钢丝绳以及轿厢下的随行电缆的长度在不断变化。例如,60 m 高建筑物内使用的电梯,用 6 根 13 mm 钢丝绳,总质量约 360 kg。随着轿厢和对重位置的变化,这个总质量将轮流地分配到曳引轮两侧。为了减小电梯传动中曳引轮所承受的载荷差,提高电梯的曳引性能,宜采用补偿装置。

1. 补偿链

补偿链以链为主体(见图 2-5-3),悬挂在轿厢和对重下面。为了减小链节之间由于摩擦及磕碰而产生的噪声,常在铁链中穿旗绳或麻绳。这种装置没有导向轮,结构简单。若布置或安装不当,补偿链容易碰到井道内的其他部件。补偿链常用于速度低于 1.6 m/s 以下的电梯。

2. 补偿绳

补偿绳以钢丝绳为主体,如图 2-5-4 所示。底坑中设有导向装置,运行平稳,可适用于速度在 1.6 m/s 以上的电梯。

图 2-5-3　补偿链

图 2-5-4　补偿绳

3. 补偿缆

补偿缆是最近几年发展起来的新型的、高密度的补偿装置,如图 2-5-5 所示。补偿缆的中间有低碳钢制成的环链,中间填塞物为金属颗粒以及聚乙烯与氯化物的混合物,形成圆形保护层,缆套采用具有防火、防氧化的聚乙烯护套。这种补偿缆质量密度高,最重的可达 6 kg/m,最大悬挂长度可达 200 m,且运行噪声小,适用于各类高速电梯。

(a)外观

(b)横载面

图 2-5-5　补偿缆

安装补偿链或补偿缆可采图悬挂的方法,轿厢底下采用 S 形悬钩及 U 形螺栓连接固定。

采用此种连接固定方式称为第二道防护措施。

为了防止平衡补偿装置在电梯运行过程中飘移,电梯井道底坑中需设置张紧装置及导向轮等。对于高速电梯中的平衡补偿装置的张紧装置,尚需配置防跳装置。

思考题:

(1)电梯的重量平衡系统由哪几部分组成?其作用是什么?

(2)简述对重装置的结构及作用?

(3)如何计算对重的重量?其平衡系数如何选取?

(4)补偿装置的形式有哪些?它们各自的特点是什么?

第三章

电梯的电力拖动与电气控制

电梯的电力拖动系统为电梯的运行提供动力,并对电梯的起动加速、稳速运行、制动减速等起控制作用。电梯的电气控制系统决定着电梯的性能、自动化程度和运行可靠性。随着科学技术的发展和技术引进工作的进一步开展,电气控制系统发展换代迅速。

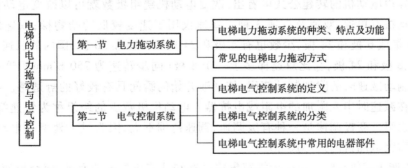

第一节   电力拖动系统

学习目标

(1)了解电梯电力拖动系统的种类、特点及功能。

(2)掌握常见的电梯电力拖动方式。

一、电梯电力拖动系统的种类、特点及功能

1. 电梯电力拖动系统的种类

电梯的电力拖动系统为电梯的运行提供动力,并对电梯的起动加速、稳速运行、控制减速等起控制作用。目前,用于电梯的电力拖动系统主要有如下几类:

(1)交流变极调速系统。交流异步电动机要获得 2 种或 3 种转速,由于它的转速与其极对数成反比,因此,变速的最简单方法是,只要改变电动机定子绕组的极对数就可改变电动机的同步转速。

该系统大多采用开环方式控制,线路比较简单,造价较低,因此被广泛用在电梯上。但由于乘坐舒适感较差,此种系统一般只应用于额定速度不大于 1 m/s 的货梯。

交流变极调速原理:由电机学可知,三相异步电动机的转速 n(单位 r/min)为

$$60\ n = \frac{60f}{p}(1-s)$$

式中:f——电源频率;

p——电动机绕组极对数;

s——转差率。

由三相异声电动机的转建公式可看出,改变电动机绕组极数就可以改变电动机转速。电梯用交流电动机有单速、双速及三速 3 种。单速仅用于速度较低的杂物梯;双速的极数一般为 4 极和 16 极或 6 极和 24 极,少数也有 4 极和 24 极或 6 极和 36 极;国内的三速电动机极数一般为 6 极、8 极和 24 极,它比双速梯多了一个 8 极(同步转速为 750 r/min),这一绕组主要用于电梯在制动减速时的附加制动绕组,使减速开始的瞬间具有较好的舒适感。有了 8 极绕组就可以不在减速时串入附加的电阻或电抗器。电动机极数少的绕组称为快速绕组,极数多的称为慢速绕组。变极调速是一种有级调速,调速范围不大,因为过大地增加电动机的极数,就会显著地增大电动机的外形尺寸。

(2)交流调压调速系统。由于大规模集成电路和计算机技术的发展,使交流调压调速拖动系统在电梯中得到广泛应用。该系统采用晶闸管闭路调速,其制动减速可采用涡流制动、能耗制动、反接制动等方式,使得所控制的电梯乘坐舒适感好,平层准确度高,明显优于交流双速拖动系统,多用于速度 2.0 m/s 以下的电梯。但随着调速技术和电子元器件的发展,有被变频变压调速系统淘汰的趋势。图 3-1-1 所示为交流调压调速能耗制动电梯的主要拖动系统原理框图。

(3)变频变压调速系统。变频调速是通过改变异步电动机供电电源的频率而调节电动机的同步转速,也就是改变施加于电动机进线端的电压和电源频率来调节电动机的转速。目前交流可变电压可变频率(VVVF)控制技术得到迅速发展,利用矢量变换控制的变频变压系统的电梯速度可达 12.5 m/s,其调速性能已达到直流电动机的水平,且具有节能、效率高、驱动控制设备

体积小、重量轻和乘坐舒适感好等优点,目前,已在很大范围内替代了直流拖动系统。

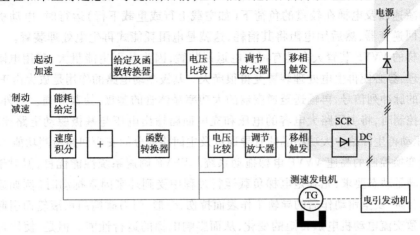

图 3-1-1　交流调压调速能耗制动电梯的主要拖动系统原理框图

交流异步电动机的转速是施加于定子绕组上的交流电源频率的函数,均匀且连续地改变定子绕组的供电频率,可平滑地改变电动机的同步转速。但是,根据电动机和电梯为恒转矩负载的要求,在调频调速时需保持电动机的最大转矩不变,维持磁通恒定,这就要求定子绕组供电电压也要做相应的调节。因此,电动机的供电电源的驱动系统应能同时改变电压和频率,即对电动机供电的变频器要求有调压和调频两种功能。使用这种变频器的电梯常称为 VVVF 电梯。

①低中速 VVVF 电梯拖动系统。VVVF 电梯的驱动部分是其核心,这也是与定子调压控制方式的主要区别之处。图 3-1-2 所示为一个中低速 VVVF 电梯拖动系统的结构原理框图。其 VVVF 驱动控制部分由 3 个单元组成,第一单元是根据来自速度控制部分的转矩指令信号,对应该供给电动机的电流进行运算,产生电流指令运算信号;第二单元是将经数-模转换后的电流指令和实际流向电动机的电流进行比较,从而控制主回路转换器的 PWM 控制器;第三单元是将来自 PWM 控制部分的指令电流供给电动机主回路的控制部分。

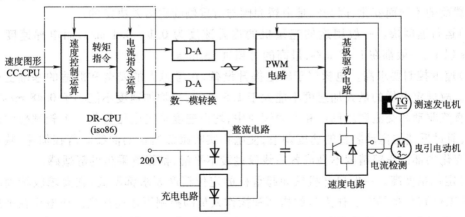

图 3-1-2　中低速 VVVF 电梯拖动系统的结构原理框图

主回路由以下部分构成:
- 将三相交流电变换成直流的整流部分。
- 平滑该直流电压的电解电容器。

- 电动机制动时,再生发电的处理装置以及将直流转变成交流的大功率逆变器部分。当电梯减速以及电梯在较重的负荷下(如空载上行或重载下行)运行时,电动机将再生电能返回逆变器,然后用电阻将其消耗,这就是电阻耗能式再生电处理装置。

高速电梯的 VVVF 装置大多具有再生电返回装置,因为其再生能量大,若用电阻消耗能量的办法来处理,势必使再生电处理装置变得很庞大。基极驱动电路的作用是放大由正弦波 PWM 控制电路来的脉冲列信号,再输送至逆变器的大功率晶体管的基极,使其导通。另外,安还具有在减速再生控制时,将主回路大电容的电压和充电回路输出电压与基极驱动电路比较后,经信号放大,来驱动再生回路中大功率晶体管导通以及主回路部分的安全回路检测功能。

②矢量变换控制的高速 VVVF 电梯拖动系统。VVVF 调速系统性能优良,但对于高速电梯系统仍不能满足动态要求,尤其是电梯负载运行过程中受到外来因素扰动时(例如运行中遇到导轨的接头台阶,安全钳动作后的导轨工作表面拉伤、变形,门刀碰撞门锁滚轮而引起瞬间冲击等),可能导致交流电动机电磁转矩的变化,从而影响电梯的运行性能。但是,使用带有矢量变换控制的调频调压调速系统后,能使高速(甚至超高速)电梯充分满足系统的动态调节要求。

矢量变换 VVVF 拖动系统大多需要采用多微机处理系统。

(4)直流拖动系统。直流电动机具有调速性能好,调速范围大的特点,因此具有速度快、舒适感好、平层准确度高的优点。

电梯上常用的系统有两种:一是发电机组构成的晶闸管励磁发电机-电动机系统,二是晶闸管直接供电的晶闸管-电动机系统。前者是通过调节发电机的励磁来改变电机的输出电压,后者是用三相晶闸管整流器,把交流电变成可控的直流电,供给直流电动机,这样可省去发电机组,节省能源、降低造价,且结构紧凑。但随着变频变压调速的发展,目前,电梯已很少使用直流拖动。

2. 电梯电力拖动系统的特点

曳引电梯因其负载和运行的特点,与其他提升机械相比,在电力拖动方面有以下特点:

(1)四象限运行。虽然电梯与其他提升机械的负载都属于位能负载,但一般提升机械的负载力矩方向是恒定的,都是由负载的重力产生的。但在曳引电梯中,负载力矩的方向却随着轿厢载荷的不同而变化,因为它是由轿厢侧与对重侧的重力差决定的。

(2)运行速度快。一般用途的起重机的提升速度为 $0.1 \sim 0.4$ m/s,而电梯速度大都在 0.5 m/s 以上,一般都在 $1 \sim 2$ m/s,最高的可超过 13 m/s。

(3)速度控制要求高。电梯属于输送提升设备,在考虑人的安全和舒适的基础上也要讲究效率。故规定电梯的最大加速度不能大于 1.5 m/s^2,平均加速度不能小于 0.48 m/s^2。

在直流驱动和交流调压调速和变频调速中,均由速度给定电路提供一个较理想的运行速度曲线,通过反馈的拖动装置的速度调节,使电梯实时跟踪给定的曲线。若在加速、减速段中加速度变化的部位跟踪精度不高或各曲线段过渡不平滑,都影响乘坐的舒适感。

(4)定位精度高。一般提升机械如起重机的定位精度要求都不高,在要求较精确的定位(如安装工件)时,也是在工作人员的指挥和操作人员的控制下才能达到。而电梯在平层停靠时依靠自动操作,定位精度都在 15 mm 左右,变压变频调速电梯可在 5 mm 以内。

3. 电梯电力拖动系统的功能

电梯的电力拖动系统应具有如下功能:

(1)有足够的驱动力和制动力,能够驱动轿厢、轿门和厅门完成必要的运动和可靠的静止。

(2)在运动中有正确的速度控制,有良好的舒适性和平层准确度。

（3）动作灵活、反应迅速,在特殊情况下能够迅速制停。

（4）系统工作效率高,节省能量。

（5）运行平稳、安静,噪声小于国家标准要求。

（6）对周围电磁环境无超标的污染。

（7）动作可靠,维修量小,寿命长。

二、常见的电梯电力拖动方式

随着科学技术的发展,电梯的电力拖动方式也有了很大发展,最先进的电力拖动技术一出现,很快便在电梯中实际应用。目前,国内生产的电梯主要采用的电力拖动方式是轿厢升降运动的电力拖动方式和轿门及厅门开关运动的电力拖动方式。

1. 轿厢升降运动的电力拖动方式

（1）直流拖动:

①单相励磁、发电机组供电的直流电动机拖动。

②三相励磁、发电机组供电的直流电动机拖动。

③晶闸管供电的直流电动机拖动。

④斩波控制的直流电动机拖动。

（2）交流拖动:

①双速交流异步电动机定子串电阻调速拖动。

②交流调压-能耗制动的交流异步电动机拖动。

③交流调压-涡流制动的交流异步电动机拖动。

④交流调压-反接制动的交流异步电动机拖动。

⑤变压变频(VVVF)交流异步电动机拖动。

⑥永磁同步电动机变频拖动。

⑦直流电动机拖动。

上述各种拖动方式中,发电机组供电的直流电动机拖动方式由于能耗大、技术落后已不再生产,只有少量旧电梯还在运行。而于 20 世纪 70 ~ 80 年代出现的变压变频(VVVF)交流异步电动机拖动方式,由于其优异的性能和逐步降低的价格而大受青睐,占据了新装电梯的大部分。永磁同步电动机拖动方式在近几年开始在快速、高速无齿电梯中应用,是最有发展前途的电梯拖动方式。

2. 轿门及厅门开关运动的电力拖动方式

轿门及厅门开关运动的常见电力拖动方式如下:

（1）直流电动机电枢串、并联电阻调速拖动方式。

（2）直流电动机斩波调压调速拖动方式。

（3）交流异步电动机 VVVF 调速拖动方式。

（4）力矩异步电动机拖动方式。

（5）直线电动机拖动方式。

（6）伺服电动机拖动方式。

直流电动机电枢串、并联电阻调速拖动方式通过改变电枢电路所串、并联电阻的阻值来改变电动机的转速,实现开(关)门过程的"慢—快—慢"的要求。这种调速方式在早年的电梯中普遍采用,由于运行过程中需要不断地切换电枢回路的电阻,其切换用的开关容易出故障,造成维修工作量增大,可靠性差,效率较低,目前已较少采用。

直流电动机斩波调压调速拖动方式采用大功率晶体管组成的无触点开关,通过改变导通占空比实现直流调压调速,这种方法可靠性好,效率高,可以平滑地调速,是直流电动机电枢串、并联电阻调速拖动方式的替代方法。

交流异步电动机 VVVF 调速拖动方式是近些年出现的新型调速方法,这种调速方法较直流电动机斩波调压调速拖动方式更好。由于采用交流异步电动机,其结构简单,没有电刷、换向器部件,可靠性进一步提高,采用 VVVF 调速控制,运行平稳,效率更高,是当前电梯开关门电路中较普遍采用的方法。

力矩异步电动机具有较大转矩,能承受长时间的堵转而不会烧坏,由力矩异步电动机驱动的开关门方式适宜用于环境较差、容易出现堵卡门现象的电梯中。

伺服电动机拖动方式是近几年出现的电梯开关门方式,这种方法由于采用伺服电动机作为驱动电动机,其反应灵活,响应迅速,是一种有发展前途的开关门方式。

直线电动机拖动方式因其运行为直线运动,更适合于电梯门机的工作方式,因此应用前景可观。

思考题:

(1)电梯属于输送提升设备,在考虑人的安全和舒适的基础上也要讲究效率。故规定电梯的最大加速度不能大于(　　) m/s^2,平均加速度不能小于(　　) m/s^2。

(2)电梯的电力拖动系统主要有哪几类?

(3)简述常见的电梯电力拖动方式有哪些。

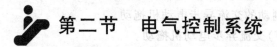

第二节　电气控制系统

学习目标

(1)了解电梯电气控制系统。

(2)掌握电梯电气控制系统的分类。

(3)学习电梯电气控制系统中常用的电器部件。

一、电梯电气控制系统的定义

电梯的电气控制系统是构成电梯的两大系统之一。电气控制系统由控制柜、操纵箱、指层灯箱、唤召箱、换速平层装置、两端站限位装置(包括两端站强迫减速装置、两端站楼面越位装置、两端站楼面极限越位装置)、轿顶检修箱、底坑检修箱等十多个部件以及分散安装在相关机械部件中与相关机械部件配合完成电梯预定功能的电气部件组成。分散安装的主要电气部件中,如曳引电动机、制动器线圈、开关门电动机及其调速控制装置、限速器开关、限速器绳涨紧装置开关、安全钳开关、缓冲器开关以及各种安全防护按钮和开关等。

电梯的电气控制系统与机械系统比较,具有选择范围大且灵活的特点。一台电梯的类别、额定载质量和额定运行速度确定后,机械系统的主要零部件就基本确定了,而电气控制系统则还有比较大的选择空间,还必须根据电梯的安装地点、乘载对象、整机性能要求、功能要求对拖动方式、控制方式等进行认真选择,才能发挥电梯的最佳使用效果,电气系统的原理结构如图 3-2-1 所示。

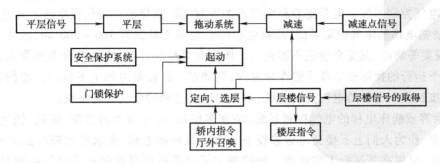

图 3-2-1　电梯电气系统的原理结构

二、电梯电气控制系统的分类

电梯电气控制系统的分类方法比较多,常见的分类方法有以下几种:

1. 按控制方式分类

(1)轿内手柄开关控制电梯的电气控制系统:由电梯司机控制轿内操纵箱的手柄开关,实现控制电梯运行的电气控制系统。

(2)轿内按钮控制电梯的电气控制系统:由电梯司机控制轿内操纵箱的按钮,实现控制电梯运行的电气控制系统。

(3)轿内外按钮控制电梯的电气控制系统:由乘用人员自行控制厅门外召唤箱或轿内操纵箱的按钮,实现控制电梯运行的电气控制系统。

(4)轿外按钮控制电梯的电气控制系统:由使用人员控制厅门外操纵箱的按钮,实现控制电梯运行的电气控制系统。

(5)信号控制电梯的电气控制系统:将厅门外召唤箱发出的外指令信号、轿内操纵箱发出的内指令信号和其他专用信号等加以综合分析判断后,必须由电梯专职司机控制电梯运行的电气控制系统。

(6)集选控制电梯的电气控制系统:将厅门外召唤箱发出的外指令信号,轿内操纵箱发出的内指令信号和其他专用信号等加以综合分析判断后,由电梯司机或乘用人员控制电梯运行的电气控制系统。

(7)两台集选控制作并联控制运行的电梯电气控制系统:两台电梯共用厅外召唤信号,由专用微机或两台电梯 PLC 与并联运行控制微机通信联系,调配和确定两台电梯的起动、向上或向下运行的控制系统。

(8)群控电梯的电气控制系统:对集中排列的多台电梯,共用厅门外的召唤信号,由微机按规定顺序自动调配、确定其运行状态的电气控制系统。

2. 按用途分类

按用途分类主要指按电梯的主要乘载任务分类。由于乘载对象的特点及对电梯乘坐舒适感以及平层准确度的要求不同,电气控制系统在一般情况下是有区别的。用这种方式分类有下列几种:

(1)载货电梯、病床电梯的电气控制系统:这类电梯的提升高度一般比较低,运送任务不太繁忙,对运行效率没有过高的要求,但对平层准确度的要求则比较高。按控制方式分类的轿内手柄开关控制电梯的电气控制系统、轿内按钮控制电梯的电气控制系统,以往都作为这类电梯的电气控制系统。但是随着科学技术的发展,货、病梯的自动化程度已经日益提高。

(2)杂物电梯的电气控制系统:杂物电梯的额定载质量只有 100～200 kg,运送对象主要是图书、饭菜等物品,其安全设施不够完善。国家有关标准规定,这类电梯不许乘人,因此,控制电梯上下运行的操纵箱不能设置在轿厢内,只能在厅外控制电梯上下运行。按控制方式分类的轿外按钮控制电梯的电气控制系统,多作为这类电梯的电气控制系统。

(3)乘客或病床电梯的电气控制系统:装在多层站,客流量大的宾馆、医院、饭店、写字楼和住宅楼里,作为人们上下楼交通运输设备的乘客或病床电梯,要求有比较高的运行速度和自动化程度,以提高其运行工作效率。按控制方式分类的信号控制电梯电气控制系统、集选控制电梯电气控制系统、两台并联和两台以上群控电梯电气控制系统等都作为这类电梯的电气控制系统。

3. 按拖动系统的类别和控制方式分类

(1)交流双速异步电动机变极调速拖动(以下简称交流双速)、轿内手柄开关控制电梯的电气控制系统:采用交流双速、控制方式为轿内手柄开关控制,适用于速度 $v \leqslant 0.63$ m/s 一般货、病梯的控制系统。

(2)交流双速、轿内按钮控制电梯的电气控制系统:采用交流双速,控制方式为轿内按钮控制,适用于速度 $v \leqslant 0.63$ m/s 一般货、病梯的电气控制系统。

(3)交流双速、轿内外按钮控制电梯的电气控制系统:采用交流双速,控制方式为轿内外按钮控制,适用于客流量不大,速度 $v \leqslant 0.63$ m/s 的建筑物里作为上下运送乘客或货物的客货梯电气控制系统。

(4)交流双速、信号控制电梯的电气控制系统:采用交流双速,控制方式为信号控制具有比较完善的性能,适用于速度 $v \leqslant 0.63$ m/s,层站不多,客流量不大且较均衡的一般宾馆、医院、住宅楼、饭店的乘客电梯电气控制系统(近年来已很少采用)。

(5)交流双速、集选控制电梯的电气控制系统:采用交流双速,控制方式为集选控制,具有完善的工作性能,适用于速度 $v \leqslant 0.63$ m/s,层站不多,客流量变化较大的一般宾馆、医院、住宅楼、饭店、办公楼和写字楼的电梯电气控制系统。

(6)交流调压调速拖动、集选控制电梯的电气控制系统:采用交流双速电动机作为曳引电动机,设有对曳引电动机进行调压调速的控制装置,控制方式为集选控制,具有完善的工作性能,适用于速度 $v \leqslant 1.6$ m/s,层站较多的宾馆、医院、写字楼、办公楼、住宅楼、饭店的电梯电气控制系统。

(7)直流电动机拖动、集选控制电梯的电气控制系统:采用直流电动机作为曳引电动机,设有对曳引电动机进行调压调速的控制装置,控制方式为集选控制,具有完善的工作性能,适用于多层站的高级宾馆、饭店的乘客电梯电气控制系统(我国从 1987 年后不再生产)。

(8)交流调频调压调速拖动、集选控制电梯电气控制系统:采用交流单绕组单速电动机做曳引电动机,设有调频调压调速装置,控制方式为集选控制,具有完善的工作性能,适用各种速度和层站、各种使用场合的电梯电气控制系统。

(9)交流调频调压调速拖动、2～3 台集选控制电梯作并联运行的电梯电气控制系统:采用交流调频调压调速拖动、2～3 台集选控制电梯作并联运行,以减少 2～3 台电梯同时扑向一个指令信号而造成扑空的情况,以提高电梯的运行工作效率,还可以省去 1～2 套外指令信号的控制和记忆装置,适用于宾馆、饭店、写字楼、医院、办公楼、住宅楼,层站比较多,速度 $v \geqslant$ 1.0 m/s 的电梯电气控制系统。

(10)群控电梯的电气控制系统:采用交流调频调压调速拖动,具有根据客运任务变化情况,自动调配电梯行驶状态的完善性能,适用于大型高级宾馆、饭店、写字楼内,具有多台梯群的电气控制系统。

4. 按管理方式分类

任何电梯不但应该有专职人员管理,而且应该有专职人员负责维修。按管理方式分类,主要指有无专人负责监督以及由专职司机或忙时由专职司机去控制,闲时由乘用人员自行控制电梯运行的方式进行分类。按这种方式分类有下列几种:

(1)有专职司机控制的电梯电气控制系统:按控制方式分类的轿内手柄开关控制电梯电气控制系统、轿内按钮控制电梯电气控制系统和信号控制电梯电气控制系统,都是需要专职司机进行控制的电梯电气控制系统。

(2)无专职司机控制的电梯电气控制系统:按控制方式分类的轿内外按钮控制电梯电气控制系统、群控电梯电气控制系统和轿外按钮控制电梯电气控制系统,都是不需要专职司机进行控制的电梯电气控制系统。

(3)有/无专职司机控制电梯的电气控制系统:按控制方式分类的集选控制电梯电气控制系统就是有/无专职司机控制电梯电气控制系统。采用这种管理方式的电梯,轿内操纵箱上设置一只具有"有、无、检"3个工作状态的钥匙开关,司机可以根据乘载任务的忙、闲,以及出现故障等情况,用专用钥匙扭动钥匙开关,使电梯分别置于有司机控制、无司机控制、故障检修控制3种状态下,以适应不同乘载任务和检修工作需要的电梯电气控制系统。对于无专职司机控制的电梯,应有专人负责开放和关闭电梯,以及经常巡查监督乘用人员正确使用和爱护电梯,并做好日常维护保养工作等。

三、电梯电气控制系统中常用的电器部件

为了便于电梯的制造、安装、调试和维修,电梯制造厂的设计人员以便于制造、安装、维修保养、操作方便作为出发点,将构成电梯电气控制系统的成千上万个电器元件分别组装到控制柜、操纵箱、轿顶检修箱等十多个部件中,但有些电器元件若集中组装成电器部件后反而会给制造、安装、维修保养工作带来麻烦或困难,故将这部分电器元件分散安装到各相关电梯部件中。以下对集中组装后的电器部件进行简要介绍。

1. 操纵箱

除不允许乘员进入轿厢的杂物电梯外,一般电梯的操纵箱均装设在轿厢内,是电梯供司机、乘员、管理人员、维修保养人员操作控制电梯上下运行的平台,也是上述人员了解掌握电梯运行方向和所在位置的装置。操纵箱(见图3-2-2)上装设的电器元件与电梯的控制方式、停靠层站数有关。

2. 指层灯箱

指层灯箱(图3-2-3)是为电梯司机、管理人员、维修人员、乘员提供电梯运行方向和所在位置指示信号的装置。

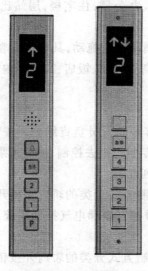

图 3-2-2 操纵箱　　　　　　　　　　图 3-2-3 指层灯箱

3. 召唤箱

召唤箱装设在电梯停靠层站层门旁,作为向厅外乘用人员提供召唤电梯的装置。召唤箱根据安装位置的不同,分为位于上、下端站的单钮召唤箱和位于中间层站的双钮召唤箱两种。

4. 轿顶检修箱

轿顶检修箱是 20 世纪 60 年代中后期为便于维修人员检查维修维保电梯,提高维修维保过程中的人身、设备安全而设计的装置,后被国内各电梯制造企业选用。这种装置安装在司机或维修人员打开层门上到轿顶后易于接近的轿架上梁靠近层门处。

5. 井道信息采集装置

井道信息采集装置实质上是采集电梯轿厢上下运行过程中所在位置的信息,并将该信息转变为电信号传送给电梯控制系统,用以实现部分电梯功能的控制装置。例如,自动确定电梯运行方向、到达准备停靠层站提前换速或减速、平层时停靠开门等。其中应用比较广、效果比较好的有干簧管传感器井道信息采集装置(简称干簧管换速平层装置)、双稳态开关井道信息采集装置、光电开关井道信息采集装置 3 种。

6. 轿厢两端站限位开关装置

轿厢两端站限位开关装置是限制电梯轿厢运行区间的装置,在正常状态下,电梯的轿厢只能在上、下端站的层门踏板之间往返运行。轿厢运行的上限是上端站踏板上平面,轿厢运行的下限是下端站踏板上平面,轿厢运行过程中超越两端站踏板上平面是受到限制的。设置轿厢两端站限位的开关装置是确保司机、乘员和电梯设备安全的装置。轿厢两端站限位的开关装置由两端站强迫换减速(第一道)、两端站越位控制(第二道)、两端站越位极限控制(第三道)等三道安全保护装置构成。

7. 底坑检修箱

底坑检修箱是 20 世纪末设计制造并投入使用的电梯电器部件。其目的是确保电梯维保人员下井道底坑维保电梯时的安全,该部件安装于井道底坑侧壁,维修人员下井道底坑后易接近和操作之处。

8. 选 层 器

选层器是我国20世纪50年代中期至80年代中后期,为实现全继电器控制电梯的预设功能要求,又能将继电器控制的电路环节进行最大限度的简化而设计的电器部件。简化继电器控制的电路环节是为了降低电梯的故障率,提高运行可靠性。当年应用最广泛的有用于载货电梯电气控制系统的层楼指示器和用于乘客电梯电气控制系统的选层器等两种。

9. 控 制 柜

控制柜(图3-2-4)是电梯电气控制系统的控制中心,也是调试和维保人员调整、检查、观察、分析电梯运行状况的平台。控制柜内装设的电器元件主要与电梯的拖动方式、控制方式、额定载质量、额定运行速度、停靠层站数等有关。

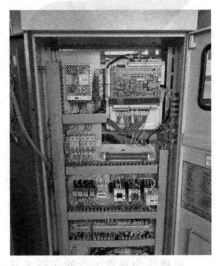

图 3-2-4 控制柜

10. 直流门电动机调速电阻器箱

采用直流电动机作为电梯开关门拖动电动机,是20世纪60年代中期由当时的全国电梯联合设计组率先采用,后被国内各电梯厂普遍选用。采用直流电动机作为开关门拖动电动机时的开关门速度调节,是根据直流电动机的运行速度在励磁绕组的端电压一定时,电动机的运行速度与电枢绕组的端电压成正比的原理,在电梯开关门过程中,采用电阻与电枢绕组串并联,再通过行程开关与打板适时配合动作,适时分压,达到对开关门速度进行适时调节的满意效果。当年设计的直流电动机拖动的开关门系统采用的调速电阻包括一只开关门粗调电阻、一只开门细调电阻和一只关门细调电阻,这三只电阻安装在一个为其设计制造的方形盒内。该电阻器箱一般安装在开关门机构旁,以利配接线和开关门速度调整及维修保养。

11. 晶闸管励磁装置

晶闸管励磁装置是我国20世纪60~80年代中后期,作为各种直流快速、高速电梯电气控制系统实现无级调压调速的唯一装置。该装置是把交流电变换为幅值连续可调、极性由电气控制系统的电梯运行方向控制继电器适时切换的直流电源。该电源作为直流发电机-电动机组的直流发电机主磁场绕组的供电电源,实现直流发电机电枢绕组输出的电源幅值是按电梯理想速度曲线变化的直流脉动电源。由于该电源就是直流曳引电动机电驱绕组的供电电源,从而实现控制电梯按理想速度曲线运行的效果。在当年的实际应用过程中,用于快速梯和高速梯的晶闸管励磁装置的部分调速电路结构略有区别,因而用于直流快速梯的晶闸管励磁装置和用于高速梯的晶闸管励磁装置又有K、G型励磁装置之分。

思考题:

(1)电气控制系统由( )、( )、指层灯箱、唤召箱、换速平层装置、两端站限位装置(包括两端站强迫减速装置、两端站楼面越位装置、两端站楼面极限越位装置)、( )、( )等十多个部件以及分散安装在相关机械部件中与相关机械部件配合完成电梯预定功能的电气部件组成。

(2)电梯电气控制系统常见的几种分类方法有哪些?

第四章
电梯安全保护系统

电梯作为垂直运行的交通工具,应具有相应的安全保护系统,否则在运行中,一旦出现超速或者失控,将会带来无法估量的人员伤亡与经济损失。

电梯安全保护系统一般由机械安全装置和电气安全装置两大部分组成。

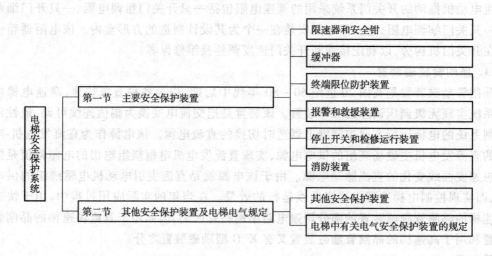

第一节　主要安全保护装置

学习目标

（1）了解限速器和安全钳的种类及工作原理。

（2）了解缓冲器的类型及结构特点。

（3）掌握其他安全装置的结构及工作要求。

一、限速器和安全钳

在电梯的安全保护系统中，提供最后综合安全保障的装置是限速器、安全钳。限速器和安全钳是不可分割的一套装置，正常情况下，电梯轿厢不可能发生坠落事故。因为悬吊电梯轿厢的钢丝绳，除杂物电梯外，一般都不少于 3 根，其安全系数是非常高的，所以发生若干根钢丝绳同时断开、造成轿厢坠落下去的事故是绝对不会发生的。

只有在下列情况下才有可能发生：

（1）钢丝绳绳头断裂或绳头板与轿厢横梁或对重架焊缝开裂。

（2）蜗轮蜗杆的轮齿、轴、键、销折断。

（3）由于曳引轮绳槽磨损严重，同时轿厢超载，造成钢丝绳和曳引轮打滑。

（4）轿厢严重超载，制动器失灵。

当电梯在运行中无论何种原因使轿厢发生超速，甚至发生坠落的危险状况，而所有其他安全保护装置均不能起作用的情况下，则靠限速器、安全钳也能够使轿厢停住，而不使乘客和设备受到伤害。

1. 限速器装置

限速器装置是速度反应和操作安全钳的装置，当轿厢运行速度达到限定值时（一般为额定速度的 115% 以上），能发出电信号并产生机械动作，以引起安全钳工作的安全装置。所以，限速器在电梯超速并在超速达到临界值时起检测及操纵作用。

限速器装置由限速器、限速器绳、张紧装置三部分组成。限速器装置通常安装在电梯机房或隔音层的地面，它的平面位置一般在轿厢的左后角或右前角处，张紧轮安装在井道底坑，用压导板固定在导轨上。限速器绳绕经限速器轮和张紧轮形成一个全封闭的环路，其两端通过绳头连接架安装在轿厢架上操纵安全钳的杠杆系统。张紧轮的重量使限速器绳保持张紧，并在限速器轮槽和限速器绳之间形成摩擦力。轿厢上、下运行同步地带动限速器绳运动从而带动限速器轮转动。

控制轿厢超速的限速器触发速度和相关要求，在 GB 7588—2003《电梯制造与安装安全规范》中有明确的规定：该速度至少等于电梯额定速度的 115%；限速器动作时，限速器绳的张力不得小于安全钳起作用所需力的两倍或 300 N；限速器绳的最小破断载荷与限速器动作时产生的限速器绳张力安全系数应大于 8，限速器绳公称直径不应小于 6 mm；限速器绳必须配有张紧装置张紧，且在张紧轮上装设导向装置。

限速器按动作原理可分为摆锤式和离心式两种，离心式限速器较为常用。

（1）摆锤式限速器：

①下摆杆凸轮棘爪式限速器，如图 4-1-1 所示。

当轿厢下行时，限速器绳带动限速器绳轮旋转，五边形盘状凸轮与绳轮及棘轮制为一体旋转,盘状凸轮的轮廓线与装在摆杆6左侧的胶轮接触,凸轮轮廓线的变化使摆杆6猛烈摆动。由于胶轮轴被调速弹簧4拉住,在额定速度范围内,胶轮始终与盘状凸轮贴合,摆杆右边的棘爪与棘轮上的齿无法接触到,当轿厢超速时,凸轮转速加快,摆杆惯性力加大,使摆杆摆动的角度增大,首先导致胶轮触动超速开关8,切断电梯控制电路,制动器动作使电梯停止;如果此时仍未将电梯有效制动,超速继续加剧,则使摆杆右端的棘爪与棘轮上的齿相啮合,限速器轮被迫停止转动,缠绕在其上的限速器绳随即停止运动;于是随轿厢继续下行,限速器绳与轿厢之间产生相对运动,限速器绳拉动安全钳操纵拉杆系统,安全钳动作,轿厢被制动在导轨上。调节调速弹簧4张力,可调节限速器的动作速度。当限速器动作后需要复位时,可使轿厢慢速上行,限速器绳轮(凸轮、棘轮)反向旋转,棘爪与棘齿脱开,安全钳即可复位。

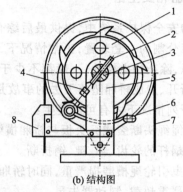

(a)实物图　　　　　　　　　　　　(b)结构图

图 4-1-1　下摆杆凸轮棘爪式限速器

1—制动轮;2—拉簧调节螺钉;3—制动轮轴;4—调速弹簧;5—支座;6—摆杆;7—限速器绳;8—超速开关

②上摆杆凸轮棘爪式限速器。上摆杆凸轮棘爪式限速器,其工作原理与下摆杆式相同,仅是将摆杆装于限速器较上部位。但由于其采用八边形凸轮,并且设有8个棘爪,所以其对于超速现象更加敏感准确。

(2)离心式限速器:

①甩块式限速器及工作原理。甩块式限速器是利用旋转离心力随着转速变化而加大的原理来完成动作的,当限速器绳轮转动时,由于离心力的作用导致其中的甩块产生远离回转中心的趋势,一旦超速到限定值时,甩块触发超速安全开关,继而带动安全钳动作。甩块式限速器根据在动作时对钢丝绳的夹持形式,分为刚性夹持式甩块限速器和弹性夹持式甩块限速器。

刚性夹持式甩块限速器的结构如图 4-1-2 所示,限速器底座上装有心轴,限速器绳轮和制动圆盘各自均可在心轴上转动。在限速器绳轮上固定着两个销轴,两个甩块(离心重块)通过连接板和拉簧绞接在销轴上,它们可以绕各自的销轴摆动。在甩块的外缘面上各有一个棘爪,而在制动圆盘的内圆面上有 5 个均匀分布的棘齿。当限速器绳轮静止不动时,甩块在拉簧作用下保持向中心缩紧的位置,甩块的棘爪与制动圆盘内的棘齿之间保持一定间隙。电梯运行时,轿厢通过限速器绳带动限速器绳轮顺时针转动。轿厢速度正常时,离心力使甩块绕销轴向外摆动并与弹簧力保持平衡,棘爪与棘齿之间的径向空隙缩小;当轿厢超速到达限速器设置的速度时,在离心力的作用下,限速器内的甩块向外摆动到使甩块上的棘爪与制动圆盘内的棘齿啮合,进而带动偏心拨叉一起顺时针方向摆动。由于拨叉摆动中心同限速器绳轮和制动圆盘的回转中心存在一个偏距,偏心拨叉在回转一定角度后,夹绳钳即将限速器钢丝绳压住且越压越紧,直至限速器绳不能移动。但此时轿厢仍在下降,于是已被卡紧的限速器绳将安全钳的操纵拉杆提起,带动轿厢两边的安全钳楔块同步动作,将超速下滑的轿厢夹持在导轨上。限速器、安全钳动作瞬间会断开控制电路,使制动器失电制动。只有当所有安全开关复位,轿厢向上提起时,才能释放安全钳。若安全钳未恢复到正常位置,电梯不能起动。刚性夹持式甩块限速器在动作时,对限速器钢丝绳的夹持是刚性的,动作灵敏可靠,但相对来说冲击大,对限速器绳损伤大,仅适用于低速电梯,必须配用瞬时式安全钳。通过调整绳钳弹簧的张力,可以允许限速器绳被夹后有少许的滑动,减少冲击。

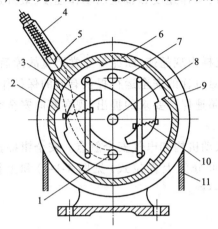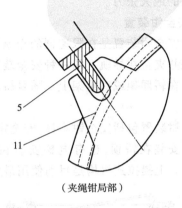

（夹绳钳局部）

图 4-1-2　刚性夹持式甩块限速器

1—销轴;2—限速器绳轮;3—连接板;4—绳钳弹簧;5—夹绳钳;6—制动圆盘(棘齿罩);
7—甩块(离心重块);8—心轴;9—棘齿;10—拉簧;11—限速器绳

弹性夹持式甩块限速器的结构如图 4-1-3 所示,当电梯超速达到其额定值 115% 时,到达超速开关动作速度,通过杠杆触发超速开关动作将控制电路断开,对电梯实施制动;如果此时未能对电梯进行制动,超速继续时则甩块机构通过连杆推动卡爪动作将钢丝绳夹住,从而触发安全钳动作。此限速器绳钳在压紧限速器绳之前与钢丝绳有一段同步运行的过程,使钢丝绳在被完全压紧前有一段滑移而得到缓冲,所以对保护钢丝绳有利。此类限速器目前在快速、高速电梯上得到了较多使用。

②甩球式限速器及工作原理。甩球式限速器设有超速开关,当电梯运行时,通过钢丝绳带动限速器的绳轮运行,绳轮通过伞形齿轮带动甩球转动。随着轿厢速度的增加,甩球的离心力增大。当轿厢运行速度达到超速开关动作时,杠杆系统使开关动作,切断电梯的控制回路。若电梯继续加速行驶,达到其额定速度的 115% 时,离心力增大的甩球进一步张开,通过连杆推动卡爪动作,卡爪把钢丝绳卡住,从而引起安全钳动作,把轿厢卡在导轨上。

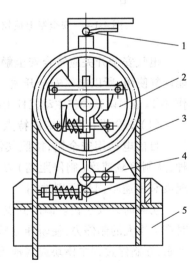

图 4-1-3　弹性夹持式
甩块限速器的结构
1—电开关;2—锤罩;
3—钢丝绳;4—夹绳钳;5—座

限速器的动作速度应不小于 115% 的额定速度,但应小于下列值:
- 配合楔块式瞬时式安全钳的为 0.8 m/s。
- 配合不可脱落滚柱式瞬时式安全钳的为 1.0 m/s。

- 配合额定速度小于或等于 1 m/s 的渐进式安全钳的为 1.5 m/s。
- 配合速度大于 1 m/s 的渐进式安全钳的为 $1.25\upsilon + 0.28\upsilon$（$\upsilon$ 为电梯额定速度），应尽量选用接近该值的最大值。

限速器上调节甩块或摆锤动作幅度（也是限速器动作速度）的弹簧，在调整后必须有防止螺母松动的措施，并予以铅封。压绳机构、电气触点触动机构等调整后，也要有防止松动的措施和明显的封记。限速器上的铭牌应标明使用的工作速度和整定的动作速度，最好还应标明限速器绳的最大张力。

2. 安全钳装置

电梯安全钳装置是在限速器的操纵下，当电梯出现超速、断绳等非常严重故障后，将轿厢紧急制停并夹持在导轨上的一种安全装置。它对电梯的安全运行提供有效的保护作用，一般将其安装在轿厢架或对重架上。随着轿厢上行超速保护要求的提出，现在双向安全钳也有较多的使用。

安全钳装置包括安全钳本体、安全钳提拉联动机构和电气安全触点。安全钳提拉联动机构一般都安装在轿顶，也有电梯安装在轿底；可分为上提拉式（见图 4-1-4）和上推式（见图 4-1-5）。上提拉式机构是目前使用最广泛的一种。

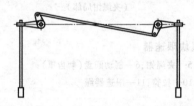

图 4-1-4　安全钳上提拉式机构

图 4-1-5　安全钳上推式机构

电气安全开关应符合安全触点的要求，规定要求安全钳释放后需经称职人员调整后电梯方能恢复使用，所以电气安全开关一般应是非自动复位的，安全开关应在安全钳动作以前或同时动作，所以必须认真调整主动杠杆上的打板与开关的距离和相对位置，以保证安全开关准确动作。

（1）安全钳种类与结构特点：

目前电梯用安全钳，按照其制动元件结构形式的不同可分为楔块型、偏心轮型和滚柱型 3 种；从制停减速度（制停距离）方面可分为瞬时式和渐进式安全钳，上述安全钳根据电梯额定速度和用途不同来区别选用。

①瞬时式安全钳。瞬时式安全钳也称为刚性急停型安全钳，它的承载结构是刚性的，动作时产生很大的制停力，使轿厢立即停止。瞬时式安全钳的使用特点：制停距离短，轿厢承受冲击严重，在制停过程中楔块或其他形式的卡块将迅速地卡入导轨表面，从而使轿厢瞬间停止。滚柱型瞬时安全钳的制停时间在 0.1 s 左右；而双楔瞬时安全钳的瞬时制停力最高时的区段只有 0.01 s 左右，整个制停距离也只有几十毫米乃至几毫米，轿厢最大制停减速度在 $(5\sim10)\,g$（g 为重力加速度 $9.8\ \text{m/s}^2$）甚至更大，而一般人员所能承受的瞬时减速度为 $2.5\,g$ 以下。由于上述特点，电梯及轿厢内的乘客或货物会受到非常剧烈的冲击，导致人员或货物伤损，因此瞬时式安全钳只能适用于额定速度不超过 0.63 m/s 的电梯（某些国家规定为 0.75 m/s 以下）。

瞬时式安全钳按照制动元件结构形式可分为楔块型、偏心轮型和滚柱型 3 种。其中楔块型瞬时式安全钳的结构原理如图 4-1-6 所示，安全钳座一般用铸钢制成整体式结构，楔块用优质耐热钢制造,表面淬火使其有一定的硬度;为加大楔块与导轨工作面间的摩擦力,楔块工作面常制出齿状花纹。电梯正常运行时,楔块与导轨侧面保持 2~3 mm 的间隙,楔块装于钳座内,并与安全钳拉杆相连。在电梯正常工作时,由于拉杆弹簧的张力作用,楔块保持固定位置,与导轨侧工作面的间隙保持不变。当限速器动作时,通过传动装置将拉杆提起,楔块沿钳座斜面上行并与导轨工作面贴合楔紧。随着轿厢的继续下行,楔紧作用增大,此时安全钳的制停动作就已经和操纵机构无关,最终将轿厢制停。

为了减小楔块与钳体之间的摩擦,一般可在它们之间设置表面经硬化处理的镀铬滚柱,当安全钳动作时,楔块在滚柱上相对钳体运动。

②渐进式安全钳。渐进式安全钳又称滑移动作式安全钳,也叫作弹性滑移型安全钳。它能使制动力限制在一定范围内,并使轿厢在制停时有一定的滑移距离,它的制停力是有控制地逐渐增大或保持恒定值,使制停减速度不致很大。

渐进式安全钳与瞬时式安全钳之间的根本区别在于其安全钳制动开始之后,其制动力并非是刚性固定,而是增加了弹性元件,致使安全钳制动元件作用在导轨上的压力具有缓冲的余地,在一段较长的距离上制停轿厢,有效地使制动减速度减小,保证人员或货物的安全。渐进式安全钳均使用在额定速度大于 0.63 m/s 的各类电梯上。

楔块型渐进式安全钳的结构原理如图 4-1-7 所示,它与瞬时动作安全钳的根本区别在于钳座是弹性结构(弹簧装置)。当楔块 3 被拉杆 2 提起时,贴合在导轨上起制动作用;楔块 3 通过导向滚柱 7 将推力传递给导向楔块 4;导向楔块后侧装置有弹性元件(弹簧),使楔块作用在导轨上的压力具有了一定的弹性,产生相对柔和的制停作用。增加了导向滚柱 7 可以减少动作时的摩擦力,使安全钳动作后容易复位。

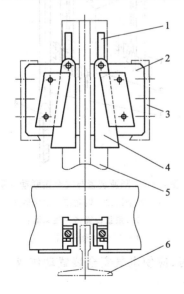

图 4-1-6　楔块型瞬时式安全钳的结构原理
1—拉杆;2—安全钳座;3—轿厢下梁;
4—楔(钳)块;5—导轨;6—盖板

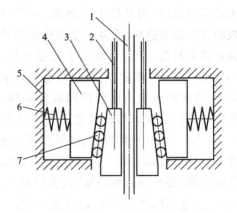

图 4-1-7　楔块型渐进式安全钳的结构原理
1—导轨;2—拉杆;3—楔块;4—导向楔块;
5—钳座;6—弹性元件;7—导向滚柱

(2)安全钳使用条件:

制停减速度指电梯被安全钳制停过程中的平均减速度。过大的制停减速度会造成剧烈的冲击,使人员货物以及电梯都受到损伤,因此安全钳对电梯制停的减速度必须加以限制。在 GB 7588—2003 中规定,滑移动作安全钳制动时的平均减速度应在 $0.2 \sim 1\ g$ 之间,同时还规定了各种安全钳的使用条件:

①电梯额定速度大于 $0.63\ m/s$,轿厢应采用渐进式安全钳。若电梯额定速度小于或等于 $0.63\ m/s$,轿厢可采用瞬时式安全钳。

②若轿厢装有数套安全钳,则它们应全部是渐进式的。

③若额定速度大于 $1\ m/s$,对重安全钳应是渐进式的,其他情况下,可以是瞬时式的。

④轿厢和对重的安全钳的动作应由各自的限速器来控制。若额定速度小于或等于 $1\ m/s$,对重安全钳可借助悬挂机构的断裂或借助一根安全绳来动作。

⑤不得采用电气、液压或气动操纵的装置来操纵安全钳。

3. 限速器与安全钳的联动

限速器和安全钳连接在一起联动。限速器是速度反应和操作安全钳的装置,安全钳必须由限速器来操纵,禁止使用由电气、液压或气压装置操纵的安全钳。当电梯运行时,电梯轿厢的上下垂直运动就转化为限速器的旋转运动,当旋转运动的速度超出极限值时,限速器就会切断控制回路,使安全钳动作。限速装置与安全钳联动示意图如图 4-1-8 所示。

当电梯出现超速并达到限速器设置值时,限速器中的夹绳装置动作,将限速器绳夹住,使其不能移动。但由于轿厢仍在运动,于是两者之间出现相对运动,限速器绳通过安全钳操纵拉杆拉动安全钳制动元件,安全钳制动元件则紧密地夹持住导轨,利用其间产生的摩擦力将轿厢制停在导轨上,保证电梯安全。

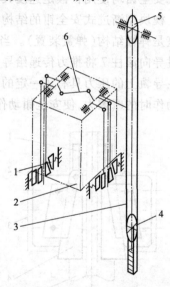

图 4-1-8 限速装置与安全钳联动示意图
1—安全钳;2—轿厢;3—限速器绳;
4—张紧装置;5—限速器;
6—安全钳操纵拉杆系统

对于传统的电梯,必须使用限速器来随时监测并控制轿厢的下行超速,但随着电梯的使用,人们发现轿厢上行超速并且冲顶的危险也确实存在。其原因是轿厢空载或极小载荷时,对重侧重量大于轿厢,一旦制动器失效或曳引机轴、键、销等折断,或由于曳引轮绳槽严重磨损导致曳引绳在其中打滑,于是就发生了轿厢上行超速。所以,在 GB 7588—2003 中规定,曳引驱动电梯应装设上行超速保护装置,该装置包括速度监控和减速元件,应能检测出上行轿厢的失控速度。当轿厢速度大于或等于电梯额定速度 115% 时,应能使轿厢制停,或至少使其速度下降至对重缓冲器的允许使用范围。该装置应该作用于轿厢、对重、钢丝绳系统(悬挂绳或补偿绳)或曳引轮上,当该装置动作时,应使电气安全装置动作或控制电路失电,电动机停止运转,制动器动作。

4. 双向限速器、安全钳

将限速器和安全钳设计成双向型,用一台限速器和一套安全钳提拉系统就可以完成对上、下行轿厢的双向限速制停。根据 GB 7588—2003《电梯制造与安装安全规范》的规定,双向限速器与现有限速器的区别是仅用一台限速器和一套提拉系统就可完成对上、下行轿厢的双向限速制停,既可防止电梯超速坠落撞底,也可防止电梯超速冲顶,属于把原有下行制动安全系统与新标准增加的上行超速保护装置合二为一的新技术。

二、缓冲器

缓冲器安装在井道底坑内,要求其安装牢固可靠,承载冲击能力强,缓冲器应与地面垂直并正对轿厢(或对重)下侧的缓冲板。缓冲器是一种吸收、消耗运动轿厢或对重的能量,使其减速停止,并对其提供最后一道安全保护的电梯安全装置。

电梯在运行中,由于安全钳失效、曳引轮槽摩擦力不足、抱闸制动力不足、曳引机出现机械故障、控制系统失灵等原因,轿厢(或对重)超越终端层站底层,并以较高的速度撞向缓冲器,由缓冲器起到缓冲作用,以避免电梯轿厢(或对重)直接撞底或冲顶,保护乘客或运送货物及电梯设备的安全。

当轿厢或对重失控竖直下落时,具有相当大的动能,为尽可能减少和避免损失,就必须吸收和消耗轿厢(或对重)的能量,使其安全、减速平稳地停止在底坑。所以,缓冲器的原理就是使轿厢(对重)的动能、势能转化为一种无害或安全的能量形式。采用缓冲器将使运动着的轿厢或对重在一定的缓冲行程或时间内逐渐减速停止。

1. 缓冲器的类型

缓冲器按照其工作原理不同,可分为蓄能型缓冲器和耗能型缓冲器两种。常见的缓冲器有弹簧缓冲器、油压缓冲器和聚氨酯缓冲器3种。

(1)弹簧缓冲器:此类缓冲器又称蓄能型缓冲器,当缓冲器受到轿厢(对重)的冲击后,利用弹簧的变形吸收轿厢(对重)的动能,并储存于弹簧内部;当弹簧被压缩到最大变形量后,弹簧会将此能量释放出来,对轿厢(对重)产生反弹,此反弹会反复进行,直至能量耗尽、弹力消失,轿厢(对重)才完全静止。由于弹簧缓冲器受到撞击后需要释放弹性形变能,产生反弹,造成缓冲不平衡,因此只适用于额定速度 1 m/s 以下的低速电梯。

弹簧缓冲器(见图 4-1-9)一般由缓冲橡胶、上缓冲座、缓冲弹簧、弹簧座等组成,用地脚螺栓固定在底坑基座上。为了适应大吨位轿厢,压缩弹簧由组合弹簧叠合而成。行程高度较大的弹簧缓冲器,为了增强弹簧的稳定性,在弹簧下部设有导管(见图 4-1-10)或在弹簧中设导向杆。

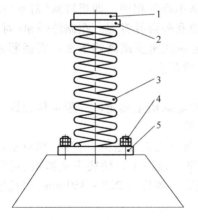

图 4-1-9　弹簧缓冲器

1—缓冲橡胶;2—上缓冲座;

3—缓冲弹簧;4—地脚螺栓;5—弹簧座

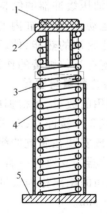

图 4-1-10　带导管弹簧缓冲器

1—缓冲橡胶;2—上缓冲座;

3—弹簧;4—外导管;5—弹簧

（2）油压缓冲器：油（液）压缓冲器又被称耗能型缓冲器，它是利用液体流动的阻尼作用，缓冲轿厢或对重的冲击。常用的油压缓冲器的结构如图 4-1-11 所示，它的基本构件是缸体 9、柱塞 4、橡胶垫 1 和复位弹簧 3 等。缸体内注有缓冲节流孔 13。

当油压缓冲器受到轿厢和对重的冲击时，柱塞 4 向下运动，压缩缸体 9 内的油，油通过环形节流孔 13 喷向柱塞腔（沿图中箭头方向流动）。当油通过环形节流孔时，由于流动截面积突然减小，就会形成涡流，使液体内的质点相互撞击、摩擦，将动能转化为热量散发掉，从而消耗了轿厢或对重的能量，使轿厢或对重逐渐缓慢地停下来。

因此，油压缓冲器是一种耗能型缓冲器，它是利用液体流动的阻尼作用，缓冲轿厢或对重的冲击。当轿厢或对重离开缓冲器时，柱塞 4 在复位弹簧 3 的作用下，向上复位，油重新流回油缸，恢复正常状态。

由于油压缓冲器是以消耗能量的方式实行缓冲的，因此无回弹作用，同时由于变量棒 8 的作用，柱塞在下压时，环形节流孔的截面积逐步变小，能使电梯的缓冲接近匀减速运动。因而，油压缓冲器具有缓冲平稳、有良好的缓冲性能的优点，在使用条件相同的情况下，油压缓冲器所需的行程可以比弹簧缓冲器减少一半，所以油压缓冲器适用于快速和高速电梯。

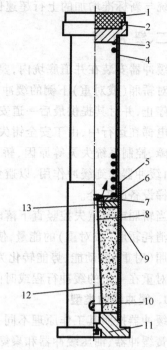

图 4-1-11　油孔柱式油压缓冲器
1—橡胶垫；2—压盖；3—复位弹簧；4—柱塞；
5—密封盖；6—油缸套；7—弹簧托座；
8—变量棒；9—缸体；10—放油口；
11—油用座；12—缓冲器油；13—环形节流孔

常用的油压缓冲器有油孔柱式缓冲器、多孔式缓冲器、多槽式缓冲器等。

（3）聚氨酯缓冲器

近年来，人们为了克服弹簧缓冲器容易生锈腐蚀等缺陷，开发出了聚氨酯缓冲器（见图 4-1-12）。聚氨酯缓冲器是一种新型缓冲器，具有体积小、重量轻、软碰撞无噪声、防水防腐耐油、安装方便、易保养、好维护、可减少底坑深度等特点，近年来在中低速电梯中得到应用。

以上 3 种油压缓冲器的结构虽有所不同，但基本原理相同。即当轿厢（对重）撞击缓冲器时，柱塞向下运动，压缩油缸内的油，使油通过节流孔外溢并升温。在制停轿厢（对重）的过程中，其动能转化为油的热能，使轿厢（对重）以一定的减速度逐渐停下来。当轿厢或对重离开缓冲器时，柱塞在复位弹簧的作用下复位，恢复正常状态。

2. 缓冲器的数量与安装

缓冲器使用的数量，要根据电梯额定速度和额定载质量确定。一般电梯会设置 3 个缓冲器：轿厢下设置 2 个缓冲器，对重下设置 1 个缓冲器。

缓冲器一般安装在底坑的缓冲器座上。若底坑下是人能进入的空间，则对重在不设安全钳时，对重缓冲器的支座应一直延伸到底坑下的坚实地面上。轿底下梁碰板、对重架底的碰板至缓冲器顶面的距离称为缓冲距离。对蓄能型缓冲器应为 200～350 mm；对耗能型缓冲器应为 150～400 mm。

三、终端限位保护装置

终端限位保护装置的功能是防止由于电梯电气系统失灵，轿厢到达顶层或底层后仍继续行驶（冲顶或蹲底），造成超限运行的事故。此类限位保护装置主要由强迫减速开关、终端限位开关、终端极限开关等 3 个开关及相应的碰板、碰轮和联动机构组成，如图 4-1-13 所示。

图 4-1-12 聚氨酯缓冲器

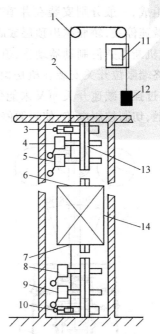

图 4-1-13 终端限位保护装置

1—导轨；2—钢丝绳；3—极限开关上碰轮；4—上限位开关；
5—上强迫减速开关；6—上开关打板；7—下开关打板；
8—下强迫减速开关；9—下限位开关；10—极限开关下碰轮；
11—终端级限开关；12—张紧配重；13—导轨；14—轿厢

1. 强迫减速开关

（1）一般强迫减速开关：

强迫减速开关，是电梯失控有可能造成冲顶或蹲底时的第一道防线。强迫减速开关由上强迫开关和下强迫开关两个限位开关组成，一般安装在井道的顶部和底部。当电梯失控，造成轿厢超越顶层或底层 50 mm 而又不能换速停车时，装在轿厢上的碰板与强迫减速开关的碰轮相接触，使接点发出指令信号，迫使电梯减速停驶。

有的电梯把强迫减速开关安装在机房选层器钢架上、下两端。当电梯失控时，轿厢运行到顶层或底层而又未能换速或停车时，装在选层器动滑板上的动触点与强迫减速开关相接触，使轿厢换速并停驶。

（2）快速梯和高速梯用的端站强迫减速开关：

此装置包括分别固定在轿厢导轨上、下端站处的打板以及固定在轿厢顶上，且具有多组触点的特制开关装置，开关装置部分如图 4-1-14 所示。

电梯运行时，设置在轿顶上的开关装置跟随轿厢上下运行，达到上下端站楼面之前，开关装置的橡皮滚轮左、右碰撞固定在轿厢导轨上的打板，橡皮滚轮通过传动机构分别推动预定触点组依次切断相应的控制电路，强迫电梯到达端站楼面之前提前减速，在超越端站楼面一定距离时就立即停靠。

2. 终端限位开关

终端限位开关是电梯失控有可能造成冲顶或蹾底时的第二道防线。终端限位开关由上、下两个限位开关组成,一般分别安装在井道顶部和底部,在强迫减速开关之后。当强迫减速开关未能使电梯减速停驶,轿厢越出顶层或底层位置后,上限位开关或下限位开关动作,切断控制电路,使曳引机断电并使制动器动作,迫使电梯停止运行。

有的电梯把终端限位开关安装在机房内选层器钢架上端或下端,在强迫减速开关之后。当电梯失控时,经过强迫减速开关而又未能使轿厢停驶时,选层器动滑板上的机械触点与终端限位开关相接触,切断控制电路,使轿厢停止运行。

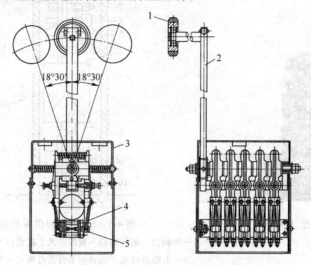

图 4-1-14　端站强迫减速开关装置
1—橡胶滚轮;2—连杆;3—盒;4—动触点;5—定触点

3. 终端极限开关

目前,我国电梯的终端极限开关有两种形式,都是在终端限位开关动作之后才起作用。它在轿厢或对重接触缓冲器之前起作用,并且在缓冲器被压缩期间保持其动作状态,但前者只用于强制驱动电梯。单速或双速电梯可以选用前者,后者适用于交流变频调速电梯驱动。

(1)机械电气式终端极限开关:

该极限开关是在强迫减速开关和终端限位开关失去作用时,控制轿厢上行(或下行)的主接触器失电后仍不能释放时(例如接触器触点熔焊粘连、线圈铁芯被油污粘住、衔铁或机械部分被卡死等),切断电梯供电电源,使曳引机停车并使制动器制动。其工作时是当轿厢地坎超越上、下端站地坎 200 mm,轿厢或对重接触缓冲器之前,装在轿厢上的碰板与装在井道上、下端的上碰轮或下碰轮接触,牵动与装在机房墙上的极限开关相连的钢丝绳,使只有人工才能复位的极限开关动作,切断除照明和报警装置电源外的总电源。

终端限位保护装置动作后,应由专职的维修保养人员检查,排除故障后,方可投入运行。

极限开关常用机械力切断电梯总电源的方法使电梯停驶。

(2)电气式终端极限开关:

这种形式的终端极限开关,采用与强迫减速开关和终端限位开关相同的限位开关,设置在终端限位开关之后的井道顶部或底部,用支架板固定在导轨上。当轿厢地坎超越上、下端站 200 mm 时,在轿厢或对重接触缓冲器之前动作。其动作是由装在轿厢上的碰板触动限位开关,切断安全回路电源或断开上行(或下行)主接触器,使曳引机停止转动,轿厢停止运行。

四、报警和救援装置

电梯发生人员被困在轿厢内时,通过报警或通信装置应能将情况及时通知管理人员并通过救援装置将人员安全救出轿厢。

1. 报警装置

电梯必须安装应急照明和报警装置,并由应急电源供电。低层站的电梯一般是安设警铃,警铃安装在轿顶或井道内,操作警铃的按钮应设在轿厢内操纵箱的醒目处,上有黄色的报警标志。警铃的声音要急促响亮,不会与其他声响混淆。

提升高度大于 30 m 的电梯,轿厢内与机房或值班室应有对讲装置,由操纵箱面板上的按钮控制。目前,大部分对讲装置是接在机房,而机房又大多无人看守,这样在紧急情况时,管理人员不能及时知晓。所以,凡机房无人值守的电梯,对讲装置必须接到管理部门的值班处。

除了警铃和对讲装置,轿厢内也可设内部直线报警电话或与电话网连接的电话。此时,轿厢内必须有清楚易懂的使用说明,告诉乘员如何使用和应拨的号码。轿厢内的应急照明必须有适当的亮度,在紧急情况时,能看清报警装置和有关的文字说明。

2. 救援装置

电梯困人的救援以往主要采用自救的方法,即轿厢内的操纵人员从上部安全窗爬上轿顶将层门打开。随着电梯的发展,无人员操纵的电梯广泛使用,再采用自救的方法不但十分危险而且几乎不可能。因为作为公共交通工具的电梯,乘员十分复杂,电梯出现故障时乘员不可能从安全窗爬出,就是爬上了轿顶也打不开层门,反而会发生其他的事故。因此,现在电梯从设计上就决定了救援必须从外部进行。

救援装置包括曳引机的紧急手动操作装置和层门的人工开锁装置。在有层站不设门时还可在轿顶设安全窗,当两层站地坎距离超过 11 m 时还应设井道安全门,若同井道相邻电梯轿厢间的水平距离不大于 0.75 m,也可设轿厢安全门。

机房内的紧急手工操作装置,应放在拿取方便的地方,盘车手轮应漆成黄色,开闸板手应漆成红色。为使操作时知道轿厢的位置,机房内必须有层站指示。最简单的方法就是在曳引绳上用油漆做上标记,同时将标记对应的层站写在机房操作地点的附近。

若轿顶设有安全窗,安全窗的尺寸应不小于 0.3 m×0.5 m,强度应不低于轿壁的强度。窗应向外开启,但开启后不得超过轿厢的边缘。窗应有锁,在轿厢内要用三角钥匙才能开启,在轿厢外,则不用钥匙也能打开,窗开启后不用钥匙也能将其半闭和锁住,窗上应设验证锁紧状态的电气安全触点,当窗打开或未锁紧时,触点断开切断安全电路,使电梯停止运行或不能起动。

井道安全门的位置应保证至上下层站地坎的距离不大于 11 m。要求门的高度不小于 1.8 m,宽度不小于 0.35 m,门的强度不低于轿壁的强度。门不得向井道内开启,门上应有锁和电气安全触点,其要求与安全窗一样。

现在一些电梯安装了电动的停电(故障)应急装置,在停电或电梯出现故障时自动接入。装置动作时用蓄电池为电源向电动机送入低频交流电(一般为 5 Hz),并通过制动器释放。在判断负载力矩后按力矩小的方向避速将轿厢移动至最近的层站,自动开门将人放出。应急装置在停电、中途停梯、冲顶蹲底和限速器安全钳动作时均能自动接入,但若是门未关或门的安全电路发生故障则不能自动接入移动轿厢。

五、停止开关和检修运行装置

1. 停止开关

停止开关一般称为急停开关,按要求在轿顶、底坑和滑轮间必须装设停止开关。

停止开关应符合电气安全触点的要求,应是双稳态非自动复位的,误动作不能使其释放。停止开关要求是红色的,并标有"停止"和"运行"的位置,若是刀闸式或拨杆式开关,应以把手或拨杆朝下为停止位置。

轿顶的停止开关应面向轿门,离轿门距离不大于 1 m。底坑的停止开关应安装在进入底坑可立即触及的地方。当底坑较深时可以在下底坑时梯子旁和底坑下部各设一个串联的停止开关。最好是能联动操作的开关。在开始下底坑时即可将上部开关打在停止的位置,到底坑后也可用操作装置消除停止状态或重新将开关处于停止位置。轿厢装有无孔门时,轿内严禁装设停止开关。

2. 检修运行装置

检修运行是为便于检修和维护而设置的运行状态,由安装在轿顶或其他地方的检修运行装置进行控制。

检修运行时应取消正常运行的各种自动操作,如取消轿内和层站的召唤,取消门的自动操作。此时,轿厢的运行依靠持续揿压方向操作按钮操纵,轿厢的运行速度不得超过 0.63 m/s,门的开关也由持续揿压开关门按钮控制。检修运行时所有的安全装置(如限位和极限、门的电气安全触点和其他的电气安全开关及限速器安全钳)均有效,所以检修运行是不能开着门走梯的。

检修运行装置包括一个运行状态转换开关、操纵运行的方向按钮和停止开关。该装置也可以与能防止误动作的特殊开关一起从轿顶控制门机构的动作。检修转换开关应是符合电气安全触点要求的双稳态开关,有防误操作的措施,开关的检修和正常运行位置有标示,若用刀闸或拨杆开关则向下应是检修运行状态。轿厢内的检修开关应用钥匙动作,或设在有锁的控制盒中。

检修运行的方向按钮应有防误动作的保护,并标明方向。有的电梯为防误动作设 3 个按钮,操纵时方向按钮必须与中间的按钮同时按下才有效。当轿顶以外的部位如机房、轿厢内也有检修运行装置时,必须保证轿顶的检修开关"优先",即当轿顶检修开关处于检修运行位置时,其他地方的检修运行装置全部失效。

六、消防装置

发生火灾时井道往往是烟气和火焰蔓延的通道,而且一般层门在 70 ℃ 以上时也不能正常工作。为了乘员的安全,在火灾发生时必须使所有电梯停止应答召唤信号,直接返回撤离层站,即具有火灾自动返基站功能。

自动返基站的控制,可以在基站处设消防开关,发生火灾时将其接通,或由集中监控室发出指令,也可由火灾检测装置在测到层门外温度超过 70 ℃ 时自动向电梯发出指令,使电梯迫降,返基站后不可在火灾中继续使用。此类电梯仅具有"消防功能",即消防迫降停梯功能。

另一种为消防员用电梯(一般称为消防电梯),除具备火灾自动返基站功能外,还要供消防队员灭火的抢救人员使用。

消防电梯的布置应能在火灾时避免暴露于高温的火焰下，还能避免消防水流入井道。一般电梯层站宜与楼梯平台相邻并包含楼梯平台，层站外有防火门将层站隔离，层站内还有防火门将楼梯平台隔离，这样在电梯不能使用时，消防员还可以利用楼梯通道返回。

消防电梯额定载质量不应小于 630 kg，入口宽度不得小于 0.8 m，运行速度应按全程运行时间不大于 60 s 来决定。电梯应是单独井道，并能停靠所有层站。

消防员操作功能应取消所有的自动运行和自动门的功能。消防员操作时外呼全部失效，轿内选层一次只能选一个层站，门的开关由持续揿压开关门按钮进行。有的电梯在开门时只要停止揿压按钮，门立即关闭，在关门时停止揿压按钮门会重新开启，这种控制方式是更加合理的。

思考题：

(1)限速器和安全钳的作用分别是什么？

(2)限速器装置和安全钳装置由哪些机械部件构成？

(3)限速器按其动作原理可分为哪几种？请分别介绍它们的工作原理。

(4)说明限速器动作速度的基本要求。

(5)安全钳按其制停距离的不同可分为哪几种？它们各自的特点是什么？

(6)简述限速器和安全钳联动过程。

(7)缓冲器的作用是什么？主要有哪两种类型？

(8)常见的缓冲器有哪几种？它们分别属于哪种类型？请比较它们的基本结构。

(9)简述油压缓冲器的工作原理。

(10)终端限位保护装置的作用是什么？包括哪些部件？这些部件的作用如何？

(11)电梯的报警和救援装置包括哪些？

第二节　其他安全保护装置及电梯电气规定

学习目标

(1)了解相关保护装置的工作原理。

(2)了解相应电梯电气的规定。

一、其他安全保护装置

电梯安全保护系统中所配备的安全保护装置一般由机械安全保护装置和电气安全保护装置两大部分组成。机械安全保护装置主要有限速器和安全钳、缓冲器、制动器、层门门锁、轿门安全触板、轿顶安全窗、轿顶防护栏杆、护脚板等。但是有一些机械安全保护装置往往需要和电气部分的功能配合和连锁，装置才能实现其动作和功效的可靠性。例如，层门的机械门锁必须是和电开关联结在一起的连锁装置。

除了前面已介绍的限速器和安全钳、缓冲器、终端限位保护装置外，还有有关的其他安全保护装置，具体如下：

1. 层门门锁的安全装置

乘客进入电梯轿厢首先接触到的就是电梯层门（厅门），正常情况下，只要电梯的轿厢没到位(到达本站层),本层站的层门都是紧紧地关闭着,只有轿厢到位(到达本层站)后,层门随着轿厢的门打开后才能跟随着打开,因此层门门锁的安全装置的可靠性十分重要,直接关系到乘客进入电梯的头一关的安全性。

2. 门保护装置

乘客进入层门后就立即经过轿厢门而进入轿厢,门指的是接近轿厢门,但由于乘客进出轿厢的速度不同,有时会发生人被轿门夹住的情况,则对门的运动提出了保护性的要求。一般门保护装置是安装在轿门上,常见的有机械接触式保护装置、光电式保护装置等。电梯上设置的门保护装置,就是为了防止轿厢在关门过程中夹伤乘客或夹住物品的现象。

3. 轿厢超载保护装置

乘客从层门、轿门进入轿厢后,轿厢里的乘客人数(或货物)所达到的载质量如果超过电梯的额定载质量,就可能造成电梯超载后所产生的不安全后果或超载失控,造成电梯超速降落的事故。超载保护装置的作用是当轿厢超过额定负载时,能发出警告信号并使轿厢不能起动运行,避免意外的事故发生。

4. 轿厢顶部的安全窗

安全窗是设在轿厢顶部的一个窗口。安全窗打开时,使限位开关的常开触点断开,切断控制电路,此时电梯不能运行。当轿厢因故障停在楼房两层中间时,司机可通过安全窗从轿顶以安全措施找到层门。安装人员在安装时,维修人员在处理故障时也可利用安全窗。由于控制电源被切断,可以防止人员出入轿厢窗口时因电梯突然起动而造成人身伤害事故。当出入安全窗时还必须先将电梯急停开关按下(如果有)或用钥匙将控制电源切断。为了安全,司机最好不要从安全窗出入,更不要让乘客出入。因安全窗窗口较小,且离地面有两米多高,上下很不方便。停电时,轿顶上很黑,又有各种装置,易发生人身事故。也有的电梯不设安全窗,可以用紧急钥匙打开相应的层门上下轿顶。

5. 轿顶护栏

轿顶护栏是电梯维修人员在轿顶作业时的安全保护栏。GB 7588—2003《电梯制造与安装安全规范》中规定:离轿顶外侧边缘有水平方向超过 0.30 m 的自由距离时,轿顶应装设护栏。

自由距离应测量至井道壁,井道壁上有宽度或高度小于 0.30 m 的凹坑时,允许在凹坑处有稍大一点的距离。

护栏应满足下列要求:

(1)护栏应由扶手、0.10 m 高的护脚板和位于护栏高度一半处的中间栏杆组成。

(2)考虑到护栏扶手外缘水平的自由距离,扶手高度为:

①当自由距离不大于 0.85 m 时,不应小于 0.70 m。

②当自由距离大于 0.85 m 时,不应小于 1.10 m。

(3)扶手外缘和井道中的任何部件[对重(或平衡重)、开关、导轨、支架等]之间的水平距离不应小于 0.10 m。

(4)护栏的入口,应使人员安全和容易地通过,以进入轿顶。

(5)护栏应装设在距轿顶边缘最大 0.15 m 之内。

有护栏可以防止维修人员不慎坠落井道,就实践经验来看,设置护栏时应注意使护栏外围与井道内的其他设施(特别是对重)保持一定的安全距离,做到既可防止人员从轿顶坠落,又避免因扶、倚护栏造成人身伤害事故。在维修人员安全工作守则中可以写入"站在行驶中的轿顶上时,应站稳扶牢,不倚、靠护栏",和"与轿厢相对运动的对重及井道内其他设施保持安全距离"字样,以提醒维修作业人员重视安全。

6. 底坑对重侧护栅

为防止人员进入底坑对重下侧而发生危险,在底坑对重侧两导轨间应设防护栅,防护栅高度为 7 m 以上,距地 0.5 m 装设。宽度不小于对重导轨两外侧的间距,防护网空格或穿孔尺寸,无论水平方向或垂直方向测量,均不得大于 75 mm。

7. 轿厢护脚板

轿厢不平层,当轿厢地面(地坎)的位置高于层站地面时,会使轿厢与层门地坎之间产生间隙,这个间隙会使乘客的脚踏入井道,发生人身伤害的可能。为此,国家标准规定,每一轿厢地坎上均需装设护脚板,其宽度是层站入口处的整个净宽。护脚板的垂直部分的高度应不少于 0.75 m。垂直部分以下部分成斜面向下延伸,斜面与水平面的夹角大于 60°,该斜面在水平面上的投影深度不小于 20 mm。护脚板用 2 mm 厚铁板制成,装于轿厢地坎下侧且用扁铁支撑,以加强机械强度。

8. 制动器扳手与盘车手轮

当电梯运行中遇到突然停电造成电梯停止运行时,电梯又没有停电自救运行设备,且轿厢又停在两层门之间,乘客无法走出轿厢,就需要由维修人员到机房用制动器扳手和盘车手轮人工操纵使轿厢就近停靠,以便疏导乘客。制动器扳手的式样,因电梯抱闸装置的不同而不同,作用都是用它使制动器的抱闸脱开。盘车手轮是用来转动电动机主轴的轮状工具(有的电梯装有惯性轮,亦可操纵电动机转动)。操作时首先应切断电源,由两人操作,即一人操作制动器扳手,一人盘动手轮。两人需配合好,以免因制动器的抱闸被打开而未能把住手轮致使电梯因对重的重量而造成轿厢快速行驶。一人打开抱闸,一人慢速转动手轮使轿厢向上移动,当轿厢移到接近平层位置时即可。制动器扳手和盘车手轮平时应放在明显位置并应涂以红漆以醒目。

9. 超速保护开关

在速度大于 1 m/s 的电梯限速器上都设有超速保护开关,在限速器的机械动作之前,此开关就得动作,切断控制回路,使电梯停止运行。有的限速器上安装 2 个超速保护开关,第一个开关动作使电梯自动减速,第二个开关才切断控制回路。对速度不大于 1 m/s 的电梯,其限速器上的电气安全开关最迟在限速器达到其动作速度时起作用。

10. 曳引电动机的过载保护

电梯使用的电动机容量一般比较大,从几千瓦至十几千瓦。为了防止电动机过载后被烧毁而设置了热继电器过载保护装置。电梯电路中常采用的 JRO 系列热继电器是一种双金属片热继电器。两只热继电器热元件分别接在曳引电动机快速和慢速的主电路中,当电动机过载超过一定时间,即电动机的电流大于额定电流时,热继电器中的双金属片经过一定时间后变形,从而断开串接在安全保护回路中的接点,保护电动机不因长期过载而烧毁。

现在也有的将热敏电阻埋藏在电动机的绕组中,即当过载发热引起阻值变化时,经放大器放大使微型继电器吸合,断开其接在安全回路中的触点,从而切断控制回路,强令电梯停止运行。

11. 电梯控制系统中的短路保护

一般短路保护,是由不同容量的熔断器来进行。熔断器是利用低熔点、高电阻金属不能承受过大电流的特点使其熔断,从而切断电源,对电气设备起到保护作用。极限开关的熔断器为 RCIA 型插入式,熔体为软铅丝、片状或棍状。电梯电路中还采用了 RLI 系列蜗旋式熔断器和 RLS 系列螺旋式快速熔断器,用于保护半导体整流元件。

12. 供电系统相序和断(缺)相保护

当供电系统因某种原因造成三相动力线的相序与原相序有所不同时,有可能使电梯原定的运行方向变为相反的方向,它给电梯运行造成极大的危险性。同时,为了防止电动机在电源缺相下不正常运转而导致电机烧损。

电梯电气线路中采用相序继电器,当线路错相或断相时,相序继电器切断控制电路,使电梯不能运行。但是,近几年由于电力电子器件和交流传动技术的发展,电梯的主驱动系统应用晶闸管直接供电给直流曳引电动机,以及大功率器件 IGBT 为主体的交-直-交变频技术在交流调速电梯系统(VVVF)中的应用,使电梯系统工作是与电源的相序无关的。

13. 主电路方向接触器连锁装置

(1)电气连锁装置:交流双速及交调电梯运行方向的改变是通过主电路中的两个方向接触器改变供电相序来实现的。如果两接触器同时吸合,则会造成电气线路的短路。为防止短路故障,在方向接触器上设置了电气连锁,即上方向接触器的控制回路是经过下方向接触器的辅助常闭接点来完成的。下方向接触器的控制电路受到上方向接触器辅助常闭触点控制。只有下方向接触器处于失电状态时,上方向接触器才能吸合,而下方向接触的吸合必须是上方向接触器处于失电状态。这样上下方向接触器形成电气连锁。

(2)机械连锁式装置:为防止上下方向接触器电气连锁失灵,造成短路事故,在上下方向接触器之间,设有机械互锁装置。当上方向接触器吸合时,由于机械作用,限制住下方向接触器的机械部分不能动作,使接触器接点不能闭合。当下方向接触器吸合时,上方向接触器接点也不能闭合,从而达到机械连锁的目的。

14. 电气设备的接地保护

我国供电系统过去一般采用中性点直接接地的三相四线制,从安全防护方面考虑,电梯的电气设备应采用接零保护。在中性点接地系统中,当一相接地时,接地电流成为很大的单相短路电流,保护设备能准确而迅速地动作切断电流,保障人身和设备安全。接零保护同时,地线还要在规定的地点采取重复接地。重复接地是将地线的一点或多点通过接地体与大地再次连接。在电梯安全供电现实情况中还存在一定的问题,有的引入电源为三相四线,到电梯机房后,将中性线与保护地线混合使用;有的用敷设的金属管外皮作中性线使用,这是很危险的,容易造成触电或损害电气设备。应采用三相五线制的 TN-S 系统,直接将保护地线引入机房。

电梯电气设备如电动机、控制柜、接线盒、布线管、布线槽等外露的金属外壳部分,均应进行保护接地。

保护接地线应采用导线截面积不小于 4 mm² 有绝缘层的铜线。线槽或金属管相互应连成一体并接地,连接可采用金属焊接,在跨接管路线槽时可用直径 4~6 mm 的铁丝或钢筋棍,用金属焊接方式焊牢。

当使用螺栓压接保护地线时,应使用 φ8 mm 的螺栓,并加平垫圈和弹簧垫圈压紧,接地线应为黄绿双色。当采用随行电缆芯线作保护线时不得少于 2 根。

在电梯采用的三相四线制供电线路的中性线上不准装设熔断器,以防人身和设备的安全受到损害。对于各种用电设备的接地电阻应不大于 4 Ω。电梯生产厂家有特殊抗干扰要求的,按照厂家要求安装。对接地电阻应定期检测,动力电路和安全装置电路不少于 0.5 MΩ,照明、信号等其他电路不小于 0.25 MΩ。

15. 电梯急停开关

急停开关也称安全开关,是串接在电梯控制线路中的一种不能自动复位的手动开关,当遇到紧急情况或在轿顶、底坑、机房等处检修电梯时,为防止电梯的起动、运行,将开关关闭切断控制电源以保证安全。

急停开关分别设置在轿顶操纵盒上、底坑内和机房控制柜壁上及滑轮间。有的电梯轿厢操作盘(箱)上没设此开关。

急停开关应有明显的标志,按钮应为红色,旁边标以“通”、“断”或“停止”字样,扳动开关,向上为接通,向下为断开,旁边也应用红色标明“停止”位置。

16. 可切断电梯电源的主开关

每台电梯在机房中都应装设一个能切断该电梯电源的主开关,并具有切断电梯正常行驶的最大电流的能力。如果有多台电梯,还应对各个主开关进行相应的编号。注意,主开关切断电源时不包括轿厢内、轿顶、机房和井道的照明、通风以及必须设置的电源插座等的供电电路。

17. 紧急报警装置

当电梯轿厢因故障被迫停驶时,为使电梯司机与乘客在需要时能有效地向外求援,应在轿厢内装设容易识别和触及的报警装置,以通知维修人员或有关人员采取相应的措施。报警装置可采用警铃(充电蓄电池供电的)、对讲系统、外部电话或类似装置。

二、电梯中有关电气安全保护装置的规定

1. 电梯应具有以下安全装置或保护功能

国家标准 GB/T 10058—2009《电梯技术条件》对电梯必须设置的电气安全装置做出了明确的规定。电梯必须设置的电气安全装置或保护功能包括:

(1)供电系统断相、错相保护装置或保护功能。电梯运行与相序无关时,可不设置错相保护装置。

(2)限速器-安全钳系统联动超速保护装置、监测限速器或安全钳动作的电气安全装置,以及监测限速器绳断裂或松弛的电气安全装置。

(3)终端缓冲装置(对于耗能型缓冲器还包括检查复位的电气安全装置)。

(4)超越上下极限工作位置时的保护装置。

(5)层门门锁装置及电气连锁装置。

①电梯正常运行时,应不能打开层门。如果一个层门开着,电梯应不能起动或继续运行(在开锁区域的平层和再平层除外)。

②验证层门锁紧的电气安全装置;证实层门关闭状态的电气安全装置;紧急开锁与层门的自动关闭装置。

(6)动力操纵的自动门在关闭过程中,当人员通过入口被撞击或即将被撞击时,应有一个自动使门重新开启的保护装置。

（7）轿厢上行超速保护装置。

（8）紧急操作装置。

（9）滑轮间、轿顶、底坑、检修控制装置、驱动主机和无机房电梯设置在井道外的紧急和测试操作装置上应设置双稳态的红色停止装置。如果距驱动主机 1 m 以内或距无机房电梯设置在井道外的紧急和测试操作装置 1 m 以内设有主开关或其他停止装置，则可不在驱动主机或紧急和测试操作装置上设置停止装置。

（10）不应设置两个以上的检修控制装置。若设置两个检修控制装置，则它们之间的互锁系统应保证：

①如果仅其中一个检修控制装置被置于"检修"位置，通过按压该检修控制装置上的按钮能使电梯运行。

②如果两个检修控制装置均被置于"检修"位置：

● 在两者中任一个检修控制装置上操作均不能使电梯运行。

● 同时按压两个检修控制装置上相同功能的按钮才能使电梯运行。

（11）轿厢内以及在井道中工作的人员存在被困危险处应设置紧急报警装置。当电梯行程大于 30 m 或轿厢内与紧急操作地点之间不能直接对话时，轿厢内与紧急操作地点之间也应设置紧急报警装置。

（12）对于 EN 81 - 1:1998/A2:2004 中 6.4.3 工作区域在轿顶上（或轿厢内）或 6.4.4 工作区域在底坑内或 6.4.5 工作区域在平台上的无机房电梯，在维修或检查时，如果由于维护（或检查）可能导致轿厢的失控和意外移动或该工作需要移动轿厢可能对人员产生人身伤害的危险时，则应有分别符合 EN 81 - 1:1998/A2:2004 中 6.4.3.1、6.4.4.1 和 6.4.5.2(b)的机械装置；如果该操作不需要移动轿厢，EN 81 - 1:1998/A2:2004 中 6.4.5 工作区域在平台上的无机房电梯应设置一个符合 EN 81 - 1:1998/A2:2004 中 6.4.5.2(a)规定的机械装置，防止轿厢任何危险的移动。

（13）停电时，应有慢速移动轿厢的措施。

（14）若采用减行程缓冲器，则应符合 GB 7588—2003 中 12.8 的要求。

2. 电气故障的防护

国家标准 GB 7588—2003《电梯制造与安装安全规范》对电梯电气故障防护的规定如下：

电梯可能出现的各种电气故障，但如出现下列故障，其本身不应成为电梯危险故障的原因：

（1）无电压。

（2）电压降低。

（3）导线（体）中断。

（4）对地或对金属构件的绝缘损坏。

（5）电气元件的短路或断路以及参数或功能的改变，如电阻器、电容器、晶体管、灯等。

（6）接触器或继电器的可动衔铁不吸合或吸合不完全。

（7）接触器或继电器的可动衔铁不释放。

（8）触点不断开。

(9)触点不闭合。

(10)错相。

思考题：

(1)轿顶护栏有什么作用和要求？

(2)电梯的供电系统有什么要求？

(3)电梯的供电系统为什么要设置相序和端(缺)相保护？

(4)电气设备中哪些故障不应成为电梯危险故障的原因？

第五章
电梯安全操作与
常规保养

电梯是楼房里上下运送乘客或货物的垂直运输设备。根据电梯的运送任务及运行特点确保电梯在操作过程中人身和设备安全是至关重要的。为确保电梯长期正常地安全运行,预防故障的发生,保证乘客乘梯的安全,必须建立正确的维保制度。为确保维保制度的贯彻实施,电梯的使用单位必须设有专门管理电梯的部门及专业的技术人员,应进行经常性检查、维保及安全管理的监督。

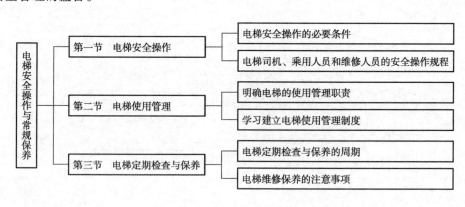

第一节　电梯安全操作

学习目标

（1）了解电梯安全操作的必要条件。

（2）掌握电梯司机、乘用人员和维修人员的安全操作规程。

一、电梯安全操作的必要条件

电梯作为一种机电合一的大型的垂直运输工具，它既运送乘客又运送货物，所以必须处于安全可靠的工况下，必须有一定的条件来保证。

1. 严格执行国家和地方标准

要保证电梯安全可靠运行，必须严格执行我国制定的有关电梯的各项标准。各个城市和省区也根据本地区的特点制定了电梯管理标准和管理办法，其目的都是要达到保证电梯安全可靠的运行，这些标准必须严格遵守并贯彻执行。

2. 制定严格的管理办法

从事电梯安装、维修、管理的单位、部门，必须制定具体可行的严格的电梯管理办法，具有一套自己的管理制度及安装保养规程，并在业务管理中加以实施。

3. 培训操作者

从事电梯安装维修的人员以及专职司机，必须由经政府批准的培训部门培训，经考核合格，并取得合格证，才能上岗。他们必须掌握电梯的基本工作原理、各部件的构造、功能，并能排除各种故障，熟悉各种操作要领，具备操作技能。

4. 电梯设备完好

电梯处于良好的状态下，是保证电梯安全运行及操作的重要条件。电梯设备的各个部件、除了按规定进行定期定项的维护保养外，还应按规定对部分损坏或达到规定年限的部件进行更换，不使其超期服役，以免造成事故。

二、电梯司机、乘用人员和维修人员的安全操作规程

电梯是两层以上建筑物里上、下运送乘客和货物的公共交通运输设备。制定电梯司机、乘用人员和维修人员的安全操作规程是确保乘用人员和维修人员人身免受伤害的重要措施之一，也是提高电梯使用效果、发挥电梯在人们生产生活中的作用的具体措施。一般的电梯安全操作规程包括以下内容：

1. 司机和乘用人员的安全操作规程

（1）行驶前的准备工作：

①在开启电梯厅门进入轿厢之前，必须先确认轿厢是否停在该层。

②每日开始工作前，必须将电梯上、下行驶数次，检查有无异常现象。检查厅、轿门地坎有无异物并进行清理。

③做好轿厢、厅轿门及其他等乘用人员可见部分的卫生工作。

（2）使用注意事项

①电梯出现故障时，应停止运行，并及时通知维修人员进行修理。

②运载的物品应尽可能稳妥地放在轿厢中间,避免在运行中倾倒。禁止采用开启轿厢顶部安全窗、轿厢安全门的方法装运超长物件。

③电梯操作人员应劝告他人勿乘载货电梯。

④有司机控制的电梯,司机在工作时间内需要离开轿厢时,应将电梯开到基站,在操纵箱上切断电梯的控制电源,用专用钥匙扭动厅外召唤箱上控制开关门的钥匙开关,把电梯门关好。

⑤严禁在开启轿门的情况下,通过按应急按钮,控制电梯慢速正常运行。除在特殊情况下,不允许用电梯的慢速检修状态当作正常运送任务行驶。

⑥不得通过扳动电源开关或按急停按钮等方法作为一般正常运行中的消号。

⑦乘用人员进入轿厢后,切勿倚靠轿厢门,以防电梯起动关门或停靠开门时碰撞乘用人员或夹住衣物等。

⑧用手柄开关控制的电梯,在运行过程中发生中途停电时,司机应立即将手柄开关放回原位,防止来电后突然起动运行发生事故。

⑨用手柄控制的电梯,不允许借厅、轿门电连锁开关,作为控制电梯开或停的控制开关。

⑩司机、乘用人员及其他任何人员均不允许在厅、轿门中间停留或谈话。

(3)使用完毕后的工作:

①使用完毕关闭电梯时,应将电梯开到基站,把操纵箱上的电源、信号复位,将电梯门关闭。

②打扫机房设备卫生时,必须在专人监护下进行。

③不得将电梯钥匙交给无证人员使用。

(4)发生下列现象之一时,应立即停机并通知维修人员检修:

①作轿内指令登记和关闭厅门、轿门后,电梯不能起动,或司机扳动手柄开关和关闭厅门、轿门后电梯不能起动。

②在厅门、轿门开启的情况下,在轿内按下指令按钮或扳动手柄开关时能起动电梯。

③到达预选层站时,电梯不能自动提前换速,或者虽能自动提前换速,但平层时不能自动停靠,或者停靠后超差过大,或者停靠后不能自动开门。

④电梯在额定速度下运行时,限速器和安全钳动作制动。

⑤电梯在运行过程中,在没有轿内外指令登记信号的层站,电梯能自动换速和平层停靠开门,或中途停车。

⑥在厅外能把厅门扒开。

⑦人体碰触电梯部件的金属外壳时有麻电现象。

⑧熔断器频繁烧断或断路器频繁跳闸。

⑨元器件损坏,信号失灵,无照明。

⑩电梯在起动、运行、停靠开门过程中有异常的噪声、响声、振动等。

(5)发生下列情况之一时应采取相应措施:

①电梯运行过程中发生超速、超越端站楼面继续运行,出现异常响声和冲击振动,有异常气味等。

②电梯在运行中突然停车,在未查清事故原因之前应切断电源、指挥乘客撤离轿厢。若两厢不在厅门口处,应设法通知维修人员到机房用盘车手轮盘车,使电梯与门口停平。

③发生火灾时,司机和乘用人员要保持镇静,把电梯就近开到安全的层站停车,并迅速撤离轿厢,关闭好厅门,停止正常使用。

④地震和火灾后,要组织有关人员认真检查和试运行,确认可继续运行时方能投入使用。

2. 维修人员的安全操作规程

（1）禁止无关人员进入机房或维修现场。

（2）工作时必须穿工作服、绝缘鞋，戴安全帽，如图 5-1-1 所示。

（3）电梯检修保养时，应在基站和操作层放置警戒线和维修警示牌。停电作业时必须在开关处挂"停电检修禁止合闸"告示牌，如图 5-1-2 所示。

图 5-1-1 维修人员着装

图 5-1-2 "停电检修禁止合闸"告示牌

（4）手动盘车时必须切断总电源。

（5）有人在坑底、井道中作业维修时，轿厢绝对不能开动，并不得在井道内上、下立体作业。

（6）禁止维修人员一只脚在轿顶，一只脚在井道固定站立操作。禁止维修人员在厅门探身到轿厢内和轿顶上操作。

（7）维修时不得擅改线路，必要时须向主管工程师或主管领导报告，同意后才能改动，并应保存更改记录并归档。

（8）禁止维修人员用手拉、吊井道电梯电缆。

（9）检修工作结束，维修人员需要离开时，必须关闭所有厅门，关不上门的要设置明显障碍物，并切断总电源。

（10）检修保养完毕后，必须将所有开关恢复到正常状态，清理现场摘除告示牌，送电试运行正常后才能交付使用。

（11）电梯的维修、保养应填写记录。

思考题：

（1）电梯安全操作的必要条件有哪些？

（2）简述电梯司机、乘用人员的安全操作规程。

 **第二节　电梯使用管理**

学习目标

（1）明确电梯的使用管理职责。

（2）学习建立电梯使用管理制度。

一、明确电梯的使用管理职责

这是电梯投入使用后首先要落实的一项管理措施。电梯使用单位应根据本单位电梯配置的数量，设置专职司机和专职或兼职维修人员，负责电梯的驾驶和维护保养工作。电梯数量少的单位，管理人员可以是兼管人员，也可以由电梯专职维修人员兼任。电梯数量多而且使用频繁的单位，管理人员、维护修理人员、司机等应分别由一个以上的专职人员或小组负责，最好不要兼管，特别是维护修理人员和司机必须是专职人员。司机和专（兼）职维修人员须取得证书才能上岗操作。

在一般情况下，管理人员需要开展下列工作：

（1）收取控制电梯厅外自动开关门锁的钥匙、操纵箱上电梯工作状态转换开关的钥匙、机房门锁的钥匙等。

（2）收集和整理电梯的有关技术资料，具体包括井道及机房的土建资料、安装平面布置图、产品合格证书、电气控制说明书、电路原理图和安装接线图、易损件图册、安装说明书、使用维护说明书、电梯安装及验收规范、装箱单和备品备件明细表、安装验收试验和测试记录、安装验收时移交的资料和材料，以及国家有关电梯设计、制造、安装等方面的技术条件、规范和标准等。资料收集齐全后应登记建账，妥善保管。只有一份资料时应提前进行复制。

（3）收集并妥善保管电梯备品、备件、附件和工具。根据随机技术文件中的备品、备件、附件和工具明细表，清理校对随机发来的备品、备件、附件和专用工具，收集电梯安装后剩余的各种安装材料，并登记建账，合理保管。除此之外，还应根据随机技术文件提供的技术资料编制备品、备件采购计划。

（4）根据本单位的具体情况和条件，建立电梯管理、使用、维护保养和修理制度。

（5）熟悉收集到的电梯技术资料，向有关人员了解电梯在安装、调试、验收时的情况，条件具备时可控制电梯作上下试运行若干次，认真检查电梯的完好情况。

（6）做好必要的准备工作，而且条件具备后可交付使用，否则应暂时封存。封存时间过长时，应按技术文件的要求进行适当处理。

二、学习建立电梯使用管理制度

电梯的使用管理包括岗位职责、机房管理、安全操作管理、维修管理、备件工具管理及技术资料档案管理等。为了使这些管理工作有章可循，需要建立以下管理制度：

1. 岗位责任制

这是一项明确电梯司机和维修人员工作范围、承担的责任及完成岗位工作的质和量的管理制度，也是管理好电梯的基本制度。岗位职责定得越明确、具体，就越有利于在工作中执行。因此，在制定此项制度时，要以电梯的安全运行管理为宗旨，将岗位人员在驾驶和维修保养电梯的当班期间应该做什么工作及达到的要求进行具体化、条理化、程序化。对电梯的日常检查、维护保养、定期检修以及紧急状态下应急处理的程序也做出了相应的规定，所以，电梯的完好状态和使用管理都比较好。这说明，电梯的使用管理关键在于责任的落实。

2. 交接班制度

对于多班运行的电梯岗位，应建立交接班制度，以明确交接双方的责任，交接的内容、方

式和应履行的手续。否则,一旦遇到问题,易出现推诿、扯皮现象,影响工作。在制定此项制度时,应明确以下内容:

(1)明确交接前后的责任。通常,在双方履行交接签字手续后再出现的问题,由接班人员负责处理。若正在交接时电梯出现故障,应由交班人员负责处理,但接班人员应积极配合。在接班人员未能按时接班,在未征得领导同意前,待交班人员不得擅自离开岗位。

(2)因电梯岗位一般配置人员较少,遇较大运行故障,当班人力不足时,已下班人员应在接到通知后尽快赶到现场共同处理。

3. 机房管理制度

(1)非岗位人员未经管理人员同意不得进入机房。

(2)机房内配置的消防灭火器材要定期检查,放在明显易取部位(一般在机房入口处),经常保持完好状态。

(3)保证机房照明、通信电话的完好、畅通。

(4)经常保持机房地面、墙面和顶部的清洁及门窗的完好,门锁钥匙不允许转借他人。机房内不准存放与电梯无关的物品,更不允许堆放易燃、易爆危险品。

(5)注意电梯电源配电盘的日常检查,保证完好、可取。

(6)保持通往机房的通道、楼梯间的畅通。

4. 安全使用管理制度

这项制度的核心是通过制度的建立,使电梯得以安全合理地使用,避免人为损坏或发生事故。对于主要为乘客服务的电梯,还应制定单位职工使用电梯的规定,以免影响对乘客的服务质量。

5. 维修保养制度

为了加强电梯的日常运行检查和预防性检修,防止突发事故,使电梯能够安全、可靠、舒适、高效率地提供服务,应制定详细的操作性强的维修保养制度。在制定时,应参考电梯厂家提供的使用维修保养说明书及国家有关标准和规定,结合单位电梯使用的具体情况,将日常检查、周期性保养和定期检修的具体内容、时间及要求,做出计划性安排,避开电梯使用的高峰期。维修备件、工具的申报、采购、保管和领用办法及程序,也应列于此项管理制度中。

6. 技术档案管理制度

电梯是建筑物中的大型重要设备之一,应对其技术资料建立专门的技术档案。对于多台电梯,每台电梯都应有各自单独的技术档案,不能互相混淆。电梯的技术档案包括以下内容:

(1)新梯的移交资料

①电梯的井道及机房土建图和设计变更证明文件。

②产品质量合格证书,出厂试验记录及装箱单。

③使用维修保养说明书、电气控制原理图、接线图、主要部件和元器件的技术说明书等随机技术资料。这些资料在电梯安装过程中因频繁使用,容易造成损坏、脏污甚至丢失,应从安装开始就明确专人负责统一保管。

④安装、调试、试验、检验的记录和报告书。

⑤电梯安装方案或工艺卡及隐蔽工程验收记录。

⑥设备和线路的绝缘电阻、接地电阻的测试记录及有关图样等。

以上资料对电梯今后的使用管理和维修保养及改造、更新都极为重要。在进行电梯的交接验收时,使用单位应注意清点、核审、收集,作为电梯技术档案的重要组成部分,由专人管理。

(2)设备档案卡:以表格、卡片的形式将每台电梯产品的名称从性能特征、技术参数和安装、启用日期、安装地点等内容表示出来,具有格式清晰、内容详细、使用方便等优点。格式的式样,各使用单位应根据以下内容进行具体的设计:设备名称、型号规格、生产厂家、出厂日期、出厂编号、安装地点、安装单位、安装日期、启用日期、订购合同编号、安装合同编号、设备现场编号、额定载质量、乘客人数、额定速度、驱动方式、额定功率、操纵方式、几层几站、提升高度、层高、顶层高度、底坑深度、梯井总高、井道及平面图、机房平面图、曳引绳规格及根数、控制柜型号、轿厢尺寸、开门宽度、开门方向、开门方式(自动或手动)、限速器型号及限制速度、缓冲器型号及其工作行程、轿厢指示灯型号及电压、厅门指示灯型号及电压、门锁型号、曳引机型号、电动机型号、每分钟转速、减速器型号、曳引比、蜗杆头数、蜗轮齿数、曳引轮直径及槽型、槽数、电动机额定电流、绕组接线方式、制动器类型、联轴器类型、测速发电机型号及传动方式、自动门机型号及带规格、蜗杆轴承型号及密封方式、曳引主轴轴承型号、曳引电动机轴承型号、减速辖润滑油型号、曳引机总重量、供电方式和供电电压等。

对于直流电梯,还应将直流供电设备的有关型号、技术参数写入设备卡中。

(3)电梯运行阶段的各种记录:包括运行值班记录、维修保养记录、大中修记录、各项试验记录、故障或事故处理记录、改造记录等。对于主管部门的安全技术检验记录(整改意见)和报告书应一起归档管理。各种记录应认真填写,准确反映实际情况。

思考题:

(1)简述电梯的使用管理职责。

(2)电梯的使用管理包括(　　)、(　　)、(　　)、(　　)、备件工具管理及技术资料档案管理等。

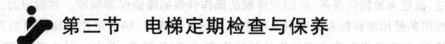

第三节　电梯定期检查与保养

学习目标

(1)熟悉电梯定期检查与保养的周期;

(2)掌握电梯维修保养的注意事项。

一、电梯定期检查与保养的周期

电梯的定期检查与保养分为日常巡视,周、月、季、年度检查保养,定期的检查与保养工作必须从大处着眼、小处着手,从一点一滴做起,它既是安全工作的一部分,也是文明生产的一部分。

1. 日常检查保养

每天或每两天以看、听、嗅、摸等手段,对运行中电梯的主要部件进行巡回检查,以清洁、加油、紧固、调整检测为纲,做到主动保养,及时排除隐患,把故障排除在萌芽状态,杜绝设备事故发生。

2. 周期性检查保养

（1）每周保养检查：电梯保养人员每周对电梯的主要机构和部件做一次保养、检查，并进行全面的清洁除尘、润滑工作。每台工作量应视电梯而定，一般不少于 2 h。

（2）每月保养检查：电梯保养人员每隔 30 天左右对电梯进行一级保养（见表 5-3-1），即检查有关部位的润滑情况，并进行补油、注油或拆卸清洗、换油，检查限速器、安全钳、制动器等主要机械安全设施的作用是否正常、工作是否可靠，检查电气控制系统中各主要电器元件的动作是否灵活，继电器和接触器吸合和复位时有无异常噪声，机械连锁的动作是否灵活可靠，主要接点被电弧烧蚀的程度，严重者应进行必要的修理。

表 5-3-1　电梯一级保养内容及要求

序号	保 养 部 位	保养内容及要求
1	机房	• 清洁工作，要求无积尘； • 听、查、看机房蜗轮箱及传动部分，运行是否正常，并紧固各螺栓
2	轿厢	• 检查轿厢门连锁机构是否安全、可靠，紧固各螺栓； • 轿厢门各滑动轴承去污、加油，确保推拉轻快、灵活
3	导轨	• 检查导轨面是否拉毛； • 检查、清洗加油导轨及导靴
4	电器	• 检查机房控制屏，做到无积灰，接触器无烧毛； • 检查机房内制动器及限位装置是否安全、可靠； • 检查操作箱运行是否正确、电器元件是否损坏； • 检查各层楼指示器、呼梯信号是否完好
5	安全	• 检查钢丝绳是否完整、曳引轮磨损情况有无裂纹； • 检查速度控制器是否灵敏、有效
6	润滑	• 检查电梯各主要机件、部位润滑情况
7	其他	• 电梯底层外围、机房外围、清洁工作； • 轿厢顶各机件螺钉紧固； • 打扫地坑、清除积灰，做到无杂物、无积水

（3）每季保养检查：电梯保养人员每隔 90 天左右，应对电梯的各重要机构部件和电气装置进行一次细微的调整和检查，视电梯而定其工作量，一般每台所用时间不少于 4 h。

（4）每年保养检查：电梯每运行一年后，应由电梯保养专业单位技术主管人员负责，组织安排维修保养人员，对电梯进行一次二级保养（见表 5-3-2），即对电梯的机械部件和电气设备以及各辅助设施进行一次全面的检查、维修，并按技术检验标准进行一次全面的安全性能测试，在检测合格后，向有关部门申报验收，办理年度使用手续。电梯二级保养以维修工人为主，操作工人为辅进行，除做好二级保养外，再做好表 5-3-2 中所列工作。

表 5-3-2　电梯二级保养内容及要求

序号	保 养 部 位	保养内容及要求
1	机房	• 检查机组底脚有无松动曳引轮磨损，加以修正； • 查蜗轮、蜗杆、轴承磨损情况，加以修复； • 检查调整制动器，更换制动片，更换机身润滑油
2	轿厢	• 检修、调整导轨的平行、垂直，与轿厢的连接加固； • 调整导轨与导靴的间隙，应符合技术标准

续表

序号	保 养 部 位	保养内容及要求
3	导轨	• 检修、调整导轨的平行、垂直,与轿厢的连接加固; • 调整导轨与导靴的间隙,应符合技术标准
4	电器	• 检查上下极限开关及越程装置安全可靠; • 更换控制屏所有磨损电器元件; • 调整所有损坏的元器件及老化电线
5	安全	• 检修安全保险装置、校对自平装置; • 检修钢丝绳、绳头脱焊部分; • 检查钢丝绳张力是否均匀,加以校正; • 检查调节制动的灵敏度

（5）每3~5年保养检查：每3~5年,应对全部安全设施和主要机件进行全面的拆卸、清洗和检测,磨损严重而影响机件正常工作的应修复或更换,并根据机件磨损程度和电梯日平均使用时间,确定大、中修时间或期限。

二、电梯维修保养的注意事项

1. 电梯维修和保养时应遵守下列规定

（1）工作时不得进入乘客或载货,各层门处悬挂检修停用的指示牌,如图5-3-1所示。

（2）电梯维修和保养时应断开相应位置的开关;例如,在机房时应将电源总开关断开;在轿顶时应合上检修开关;在底坑时应将底坑急停开关断开,同时将限速器张紧装置安全开关也断开。

（3）使用的手灯必须带护罩并采用不大于36 V的安全电压（在机房、底坑、轿顶或轿底应装设检修用的低压插座）。

（4）操作时应由两人协同进行;操作时如需司机配合进行,司机要精神集中,严格服从维修人员的指令。

（5）严禁维修人员站在井道外,探身到井道内,在轿厢顶探身到井道外或在轿厢地坎处较长时间地在轿厢内外各站一只脚来进行检修工作。

图5-3-1　检修停用指示牌

2. 电梯维修保养时的仪器要求如下：

（1）万用表内阻在200 kΩ以上。

（2）交流电流表量程为AC 100 A。

（3）交流电压表量程为AC 300 V,对于指针式,输入阻抗在300 kΩ以上。

（4）高压绝缘电阻表应使用电池式,500 V,内阻200 kΩ以上,禁止使用手摇式绝缘电阻表。

（5）转速表量程为0~50 000 r/min。

3. 电源切断

电源切断后,进行主回路方面的作业时,应确认电解电容器端子电压为零伏后再开始作业。

思考题：

（1）简述电梯一级保养的内容及要求。

（2）简述电梯维修和保养的注意事项。